# Fahrspaß mit dem Auto ohne Umweltschäden !

Siegfried Schwarz

## Die Faszination Auto bleibt !

ISBN 978-3-8370-1766-3

Books on Demand GmbH, Norderstedt

# Fahrspaß mit dem Auto ohne Umweltschäden!

Siegfried Schwarz

Autos, welche sicher, sparsam, sportlich und umweltfreundlich sind scheinen nicht realisierbar zu sein. Dies ist die einhellige Meinung der Fachleute. Die Herstellungskosten wären zu hoch, die Vermarktung nicht gewährleistet. Dabei beschleicht die westliche Welt zunehmend ein Albtraum. Was passiert wenn alle so Auto fahren, so leben wie wir? Werden wir die Geister die wir riefen wieder los? Der Autor zeigt wie *„Fahrspaß für Alle"* ohne Katastrophe möglich bleibt.

Dieses 1 Liter-Auto für eine oder zwei Personen vereinigt Sparsamkeit, Spurtfähigkeit, Fahrfreude in nie gekannter Weise. In der Stadt verbraucht es nur 1/10 des sparsamsten Autos der Welt, dem *LUPO 3L* von VW. Mit ca. 0,3 Liter pro 100 km in der Stadt wird selbst Tanken zum Vergnügen. Nachbarn, Sportfahrer schauen nur anfänglich geringschätzig auf dieses kleine, leichte Gefährt. Wenn du sie im Spurt stehen lässt, wechselt ihr Blick von Entsetzen, Unglauben bis zur Bewunderung. Im Sport-Mode beschleunigt dieses 1 Liter-Auto von 0 auf 100 km/h in nur ca. 5 sec.

Das 1 Liter-Auto soll so Spaß machen, dass große, schwere Autos wie ein Relikt aus vergangener Zeit erscheinen. Mit ihm ist Parken kein Problem. Der großzügige, edel gestaltete Innenraum, die angenehm weiche Federung und diese wieselflinke Agilität in Kurven lässt alles andere vergessen. Mit 120 km/h kann man auch große Distanzen auf der Autobahn oder der Landstraße zurücklegen.

Die Anzeige des Verbrauchs am Heck führt zur Kommunikation mit Anderen. Sie unterstreicht den Vorbild-Charakter dieses 1 Liter-Autos. Die es sehen fragen sich: Kann das sein? Sie sagen sich: Ist dieses Gefährt sparsam, dabei so spurtstark. Aus diesen Worten spricht Hochachtung. Eine Werbung ohne Worte. Sie zeigt, Auto fahren muss nicht länger zum Treibhauseffekt der Erde beitragen. Dieses Auto ist im Einklang mit der Natur.

Der computergesteuerte Hybridantrieb aus Verbrennungsmotor, Schwungrad ist leicht, besonders sparsam und leistungsfähig. Mit GPS-System trägt selbst bergiges Gelände zum Kraftstoff sparen bei. Der Autor ist überzeugt, dass nur das 1 Liter-Auto von den Menschen in millionenfacher Stückzahl akzeptiert wird, welches nicht nur Kraftstoff spart und preisgünstig ist, sondern auch die individuelle Freiheit zur ausgelassenen Leistungsentfaltung ermöglicht.

Inhaltsverzeichnis:

| | | |
|---|---|---|
| 1. | Die Entwicklung der Autos | 8 |
| 2. | Das Auto, des Menschen Traum, wird zum Problem | 25 |
| 3. | Die Vorläufer der 1 Liter-Autos | 34 |
| 4. | Die beste Antriebsart für das 1 Liter-Auto | 39 |
| 5. | So wird Kraftstoff gespart | 46 |
| 6. | Die geräumige, sichere Karosserie | 59 |
| 7. | Das wendige, komfortable Fahrwerk | 73 |
| 8. | Der mechanische, leistungsfähige Hybridantrieb | 84 |
| 9. | Das intelligente, neue Gaspedal | 96 |
| 10. | Das schlupffreie, automatische Getriebe | 99 |
| 11. | Regelung der Übersetzung per Computer | 100 |
| 12. | Der Computer spart den Kraftstoff | 104 |
| 13. | Kraftstoff-Verbrauch | 105 |
| 14. | Erderwärmung durch $CO_2$-Emission | 110 |
| 15. | Mit Launch-Control beschleunigen wie die Formel 1 | 113 |
| 16. | Der Computer und seine Aufgaben | 114 |
| 17. | Stabilisierung mit dem Schwungrad | 117 |
| 18. | Die technischen Daten mit Schwungradantrieb | 118 |
| **Autor** | | **120** |

**Vorwort:**

Das 1 Liter-Auto wird manchem zunächst als eine grüne Spinnerei erscheinen. Schließlich trennt man sich von seinem geliebten, heiligen Blechle nur unter Protest. Aber das 1 Liter-Auto ist die Lösung unserer ökologischen Probleme. Der momentanen, noch nicht eindeutig bewiesenen und erst recht der mit Sicherheit noch kommenden. Die Absichtserklärung der Automobilfirmen, den Verbrauch ihres Flottendurchschnitts ab 2008 auf 5,5 Liter pro 100 km zu reduzieren, war ein hehres Ziel. Mit der Weiter-so-Philosophie ist das auch künftig nur mit Mehrkosten der Autos zu erreichen. Dieses 1 Liter-Auto würde den Verbrauch in der Stadt mit einem Schlag auf ein zwanzigstel, 0,3 Liter pro 100 km, reduzieren.

Da geht es nicht um Peanuts, es geht um die Zukunft unserer Kinder. Es erfordert ein Umdenken, eine neue Auto-Philosophie. Solche Fahrzeuge werden nur schwer akzeptiert und nur dann, wenn sie weiterhin Fahrspaß und Sicherheit gewährleisten. Jeder denkt unbewusst, wenn er vom 1 Liter-Auto hört, an eine lahme, unsichere Seifenkiste, eine Spaßbremse. Das 1 Liter-Auto muss diese Vorurteile gründlich ausräumen. Nur so hat es eine Chance von den Menschen akzeptiert zu werden.

Das 1 Liter-Auto *Joydance* (Freudentanz) muss seinem Namen, seiner neuen Auto-Philosophie, alle Ehre machen. Dieses 1 Liter-Auto vereinigt mehrere ungewöhnliche Eigenschaften:

> **Es ist fast so sicher wie ein großes Auto,**
> dabei im Economy-Mode sparsamer als ein Moped.
> Mit seiner Neigung in die Kurven ist es wieselflink
> und beschleunigt im Sport-Mode wie ein Motorrad.
> Der Fond ist geräumig, sicher und edel verarbeitet,
> kein Grund nach großen, teuren Autos zu schielen.
> *Joydance* ist das Maß der neuen Mobilität,
> beim Fahren und Tanken wird das überdeutlich.

Der Autor beschreibt ganz konkret ein preisgünstiges, sparsames und leistungsfähiges 1 Liter-Auto für eine oder 2 Personen. Es erfordert keine neuen Technologien. Aber neue konstruktive Maßnahmen sind erforderlich, um dieses Fahrzeug so leicht und so fahrtüchtig wie möglich zu machen. Die einfache Konstruktion der Neigung und Federung des Fahrzeugs fördert die Stabilität und die Fahrfreude erheblich.

Trotz des geringen Gewichtes, seinen geringen Abmessungen, ist es ein vollwertiges Auto, mit dem man gerne fährt. Das 1 Liter-Auto ist mit 80 cm Ellenbogenbreite richtig geräumig. Da ist nichts Einengendes. Innen größer als außen wird wahrhaftig realisiert. Das komfortable, edle Ambiente des Innenraums, Schalensitze, Sitzgurt, Überrollbügel, Airbag, Navigationssystem, bieten Komfort, Geborgenheit und Sicherheit.

Das 1 Liter-Auto ist ein Hightech-Produkt, wie es kaum ein zweites gibt. Der Computer spart den Kraftstoff. Er managed den Start-Stopp-Betrieb an der Ampel, den Puls-Pausen-Betrieb des Verbrennungsmotors in der Stadt und auf der Autobahn. Dabei arbeitet der Verbrennungsmotor im Puls-Betrieb nur mit bestem Wirkungsgrad. Die nicht zum Fahren erforderliche, überschüssige Energie wird voll im Schwungrad gespeichert. In seinen Pausen treibt nur das Schwungrad an. Die freiwerdende Energie beim Bremsen wird ebenfalls im Schwungrad gespeichert. Bis zu 600 Höhenmeter können gespeichert und später wiederverwendet werden. In der Stadt fährt das 1 Liter-Auto bis zu 30 Minuten völlig geräuschlos, 25 km ohne Abgase. Das im Computer integrierte GPS-System denkt für den Fahrer voraus und steuert den Puls-Pausen- und Start-Stopp-Betrieb.
Das 1 Liter-Auto ist zum Kraftstoff sparen konzipiert. Das ist jedoch kein Grund, die gespeicherte Energie im Schwungrad nicht auch zum sportlichen Beschleunigen zu nutzen. Der Computer hat hierzu den Sport-Mode. Mit ihm wird das 1 Liter-Auto zu einem Sportwagen, welcher auch PS-starke Boliden nicht fürchten muss. Das 1 Liter-Auto führt auf der Straße zur Gleichberechtigung zwischen arm und reich. Diese Eigenschaften machen das 1 Liter-Auto für kostenbewusste und sportliche Fahrer zu einem begehrten, unvergleichlichen Fahrzeug.

Selbstverständlich müssen die 12 Millionen Arbeitsplätze der Automobilindustrie in der Europäischen Union vorrangig durch fortwährende Innovationen der bestehenden Autos gesichert werden. Das ist aber kein Grund, nicht auch diese neue Auto-Philosophie aufzunehmen und in völlig neuen Produkten zu realisieren und zu vermarkten. Schließlich handelt es sich um einen riesigen, neuen Markt, welcher zuerst in Asien zu großen Stückzahlen führen wird. Das Umdenken der etablierten Autofahrer wird nur langsam stattfinden. Wahrscheinlich kommt der Durchbruch hier erst dann, wenn die Regierungen mit Gesetzen nachhelfen. Bisher wurden alle paar Jahre strengere Abgasgrenzwerte, CO, HC, NOx, für den 3 Wege-KAT erlassen, erst jetzt auch für $CO_2$ und Feinstaub. Eine langfristige Planung fehlte völlig. Wie sollen da die Hersteller und die Verbraucher langfristig planen können. Wir müssen schnell wegkommen vom übertriebenen Statussymbol Auto, hin zum sinnvollen Gebrauchsgegenstand – aber wie.

Das ganze Dilemma wird erst richtig deutlich, wenn wir planen ein gerade neu erschienenes Auto zu kaufen. Endlich wollen wir uns diesen lang gehegten Autotraum erfüllen. Zugegeben, mir gefällt größer, stärker, schneller, soll mein Nachbar ruhig vor Neid erblassen. Aber was kann ich bei dieser $CO_2$-Debatte, Klimaerwärmung, dem teuren Kraftstoff, bloß kaufen, ohne dass mich meine Enkel heimlich verwünschen ? Mein neues Traumauto sollte alles haben was mein Herz begehrt, neueste, modernste Technik, 250 PS Leistung, GPS, 220 km /h schnell, bei nur 8 Liter Benzin /100 km Verbrauch. Da kann man doch nichts sagen. Aber Moment mal, wie viel $CO_2$ erzeugt es ? Der Dreisatz 5,6 l Benzin /100 km erzeugen 130 g $CO_2$ /km, ergibt bei 8 l /100 km Verbrauch nur 186 g $CO_2$ /km. Das geht doch noch, oder ? Aber werden ab 2012 nicht weniger als 120 g $CO_2$ /km gefordert ? Der deutsche Wirtschaftsminister Glos redet schon von weniger als 95 g $CO_2$ /km. Da ist mein neues Auto ja schon veraltet, bevor ich mich das erste Mal rein setze. Dabei möchte ich es doch 10 Jahre lang fahren. Was ist dann erst bei der prophezeiten Erderwärmung im Jahre 2022 ? Weiß das irgend jemand ?

Nach der Bundeskanzlerin Angela Merkel, sollte ab 2050 jeder Mensch dieser Erde nur noch 2 Tonnen $CO_2$ / Jahr verursachen. Nur so können wir die Erderwärmung auf weitere 2 Grad Celcius begrenzen. Ein heute sparsames Auto mit 120 g $CO_2$ / km, welches noch 2012 den Forderungen der EU entspricht, darf dann maximal 17 000 km / Jahr fahren. Das Kontingent an $CO_2$ seines Fahrers wäre nur durch Fahren aufgezehrt. Essen, heizen, ... alles was notwendig, wichtig und lebenswert ist würde allein durch Fahren vergeudet. Das zeigt, dass der Kraftstoffverbrauch der Autos viel stärker reduziert werden muss als allgemein bekannt ist. Die 120 g $CO_2$ / km der EU können nur ein erster Schritt sein. Ja, alle Bereiche, welche Energie benötigen, müssen so verändert und optimiert werden, damit die Menschen nicht durch ihre Jahrzehnte lange Unvernunft im Westen große Katastrophen erleiden. Als Energie kann künftig ungehemmt nur noch Strom aus Wasserkraft, Biomasse und Sonne zur Anwendung kommen.

Diese Betrachtung zeigt wie viel Verantwortung auf die Regierungen und die Automobilindustrie zukommt. Die reine Gewinnmaximierung der Automobilindustrie wie bisher, die weitere, gezielte Verführung der Verbraucher ist kontraproduktiv. Die Automobilindustrie muss vielmehr mithelfen die Verbraucher zu einem vernünftigen, sparsamen Umgang mit dem Auto und dem verwendeten Kraftstoff zu führen. Ohne ein generelles Umdemken ist das nicht möglich.

1. Die Entwicklung des Autos

Das Automobil gibt es seit der Erfindung des Motorwagens von Carl Benz 1886, Bild 1. Dieses erste Automobil ist durch die Weiterentwicklung der Kutsche und in Konkurrenz zum Fahrrad entstanden. Das Fahrrad, das von Drais 1817 als Laufrad erfunden hatte, war bergab deutlich schneller als ein Pferd im Galopp. Mit dem Automobil entstand eine neue Mobilität, eine völlig neue Zeit. Schnell eroberte dieser leichte, transportable Verbrennungsmotor die Fahrzeuge zu Wasser, zu Lande und in der Luft. Diese Fahrzeuge und ihr Motor waren eine technische Revolution.

Einzylindermotor 964 cm³,
Leistung 0,75 PS,
Drehzahl 400 U /min,
Geschwindigkeit 16 km /h

Bild 1 Erster Motorwagen von Carl Benz 1886, DaimlerChrysler Archiv

Der Reitwagen von Gottlieb Daimler 1885, das erste Motorrad Bild 2, war mit 12 km /h dem Motorwagen von Carl Benz mit 16 km /h deutlich unterlegen. Motorrad und Automobil waren von Anfang an eigenständige Produkte. Sie legten getrennte Entwicklungswege zurück. Schon damals spielte das Leergewicht eine maßgebliche Rolle.

Einzylindermotor 264 cm³,
Leistung 0,5 PS,
Drehzahl 600 U /min,
mit Glührohrzündung.
Geschwindigkeit 12 km /h

Bild 2  Reitwagen von Gottlieb Daimler 1885, DaimlerChrysler Archiv

Der Verbrennungsmotor wurde zum Herz des Automobils. Heute, etwas anspruchsvoller und schneller, wissen wir wie wichtig Fahrwerk, Federung und Reifen sind. Bald wurde das Auto durch leistungsfähigere Motoren, edle Karosserien, Kompressor, Benzineinspritzung nahezu vollkommen. Eine Vielzahl meist europäischer Erfinder hat zu diesem Erfolg beigetragen, Bild 3. Das Automobil ist ein uralter Traum der Menschen, wie die Geschichte des Automobils in Wikipedia u.a. zeigt:

| | |
|---|---|
| 3 500 v. Chr. | Die Sumerer erfinden das Rad. |
| 400 v. Chr. | Hellenische Belagerungstürme werden mit Treträdern bewegt. |
| 100 v. Chr. | Heron von Alexandria bewegt einen Kolben mit Dampf. |
| | Europäer entdecken den Motor mit Dampf-, Gas-Antrieb. |
| 1 490 n. Chr. | Leonardo da Vinci zeichnet Zahnrad, Kette und Wagen dazu. |
| 1 600 n. Chr. | Simon Stevin baut Wind-Segelwagen für 30 Personen. |
| 1 674 n. Chr. | Christian Huygens baut Kolbenmaschine für Schwarzpulver. |
| 1 678 n. Chr. | Ferdinand Verbiest baut dreirädrigen Dampfwagen. |
| 1 769 n. Chr. | Nicolas Joseph Cugnot fährt ersten Dampfwagen mit 9 km/h. |
| 1 802 n. Chr. | Isaac de Rivaz baut ersten Wasserstoff-Gasmotor. |
| 1 860 n. Chr. | Etienne Lenoir patentiert einen betriebsfähigen Gasmotor. |
| 1 866 n. Chr. | Nikolaus Otto gründet Deutz, Daimler ist Direktor, mit Langen, Maybach entwickeln sie den Viertakt-Gasmotor. |
| | Benz, Daimler, Diesel, Bosch verwenden jetzt Benzin, Rohöl. |
| 1 885 n. Chr. | Gottlieb Daimler stellt den Reitwagen vor, das erste Motorrad. |
| 1 886 n. Chr. | Carl Benz stellt erstes Auto her, der *Velo* ist erste „Großserie" |
| 1 887 n. Chr. | Robert Bosch entwickelt eine verbesserte Zündvorrichtung. |
| 1 890 n. Chr. | J. B. Dunlop erfindet Luftreifen, im Benz *Comfortable* erprobt. |
| 1 893 n. Chr. | Wilhelm Maybach entwickelt den Spritzdüsen-Vergaser. |
| 1 897 n. Chr. | Rudolf Diesel baut mit MAN und Krupp ersten Dieselmotor. |
| 1 898 n. Chr. | Gräf & Stift stellt das erste Auto mit Frontantrieb her. |
| 1 899 n. Chr. | Die Brüder Renault setzen die Kardanwelle ein. |
| 1 901 n. Chr. | Frederik Lanchester patentiert die Scheibenbremse. |
| 1 902 n. Chr. | Robert Bosch entwickelt die Zündkerze. |
| 1 903 n. Chr. | Spyker 60/80 HP fährt mit erstem Allradantrieb. |
| 1 912 n. Chr. | H. Föttinger entwickelt das erste hydrodynamische Getriebe. |
| 1 914 n. Chr. | M. Lockheed entwickelt das hydraulische Bremssystem. |
| 1 952 n. Chr. | Im Daimler-Benz 300 SL erste Benzin-Direkteinspritzung. |
| 1 967 n. Chr. | BOSCH fertigt elektron. Saugrohr-Benzineinspritzsystem. |
| 1 974 n. Chr. | General Motors entwickelt den KAT zur Abgasreinigung. |
| 1 998 n. Chr. | Hybridautos gehen in Serie, 1 902 Prototyp von F. Porsche. |

Bild 3   Die Entwicklung des Automobils

Das Automobil wurde bald zum Statussymbol für „Herrenfahrer". Auch heutige Fahrzeuge leben noch von diesem Flair der alten Zeit. Die Bilder 4 – 10 zeigen, wie innovativ und dynamisch diese Zeit damals war. Heute unbekannte Firmen, wie Auto Union, Bugatti, Horch, Wanderer, hatten bereits eine beachtliche Serienfertigung. Horch fertigte auch 12-Zylinder Limousinen, Auto Union sogar 16 Zylinder Rennwagen, AUDI Mediaservice.

**Bild 4  4 Zylinder Horch 1906.**

**Bild 5 + 6  Erster Grand Prix, 16 Zylinder mit Bernd Rosemeyer, Auto-Union**

Bild 7   Wanderer in bestechender Stromlinienform, AUDI Mediaservice.

Bild 8  Fertigstellung des 50 000 ten Wanderer, AUDI Mediaservice

Kleine, leichte Fahrzeuge haben sich trotz ihrer Erfolge in den 20er Jahren nicht durchgesetzt. Der legendäre *Austin Seven* wurde von Dixie-Eisenach in Lizenz als *Dixie* gebaut. Dixie-Eisenach baute auch große Autos mit 6 Zylinder-Motoren, Landmaschinen, Pferdewagen und Kanonen. 1930 wurde er von BMW übernommen und auch von Ihle als *DA-1* hergestellt. Er hatte einen wassergekühlten 4 Zylinder-Motor mit 750 cm³ , bei einem Leergewicht von nur 450 kg. Er erreichte mit seinen 20 PS immerhin 120 km /h, bei einem Kraftstoff-Verbrauch von 5 Liter auf 100 km, Bild 9. Das was wir heute anstreben, wurde 1920 bereits realisiert. Irgendwie faszinierte der *Dixie* die Menschen. Nicht nur weil Stirling Moss mit 183 km /h damit Rennen gewann. Anfänglich wurden die Ventile von unten gesteuert, bei BMW dann von oben. Die Kurbelwelle des 4 Zylinder-Motors war nur 2 fach mit einem Kugel- und einem Rollen-Lager gelagert. Sicher würde der *Dixie* die heutigen Crashtests nicht bestehen. Aber er zeigt doch, dass Leichtbau möglich ist. Bei ihm konnten noch 2 Männer ohne Wagenheber ein Rad wechseln. Bei den Materialien von heute ist das viel leichter als in den 20 er Jahren.

**Bild 9** *Ihle Dixie DA -1* **15 PS nur 320 cm lang, Ausstellung Baden-Baden. Der Vergleich mit dem** *Cadillac Imperial Sedan* **im Hintergrund zeigt gut den Größenunterschied zum** *Dixie DA – 1.*

Der kleine, wendige Morgan Threewheeler von 1932 mit 1 000 cm³ Motor und 25 PS trug seinen V-Motor wie eine Trophäe vor sich her, Bild 10.

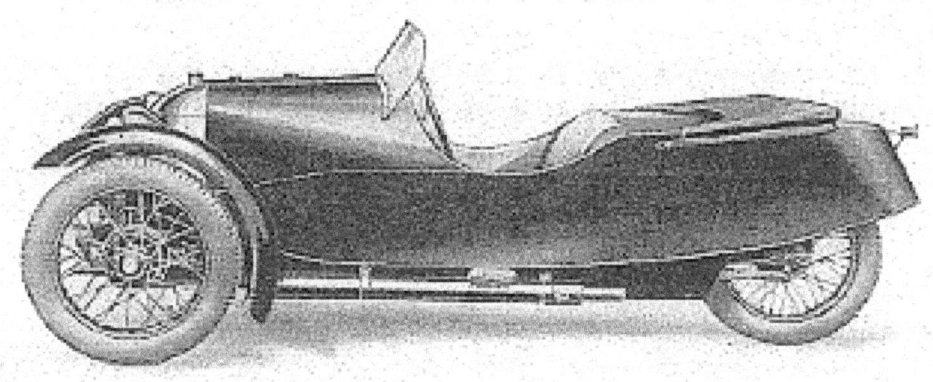

Bild 10  *Morgan-Threewheeler*  1932, 1 000 cm³  V-Motor mit 25 PS, Ausstellung Sinsheim

Nach dem zweiten Weltkrieg 1945 entstanden neben den am Markt etablierten Fahrzeugen, wie Mercedes, Opel, VW wieder kleinere Autos, Bild 11 und 12. Diese Autos sind die Vorläufer des 1 Liter-Autos, auch wenn sie nicht so sparsam, so fahrtüchtig, so leistungsfähig waren. Mit zunehmendem Wohlstand verschwanden sie wieder von der Bildfläche. Man hatte versäumt sie in ärmere Länder auszulagern, dort zu vermarkten und bis heute weiter zu entwickeln, Outsourcing ! Das war in der Vergangenheit ein schwerwiegendes Versäumnis der deutschen Wirtschaft und Politik. Zu viele Märkte wurden so weitgehend kampflos aufgegeben, wie Computer, Kamera, Fernseher, Radio, Motorrad usw. Schließlich gibt es nicht beliebig viele neue, zukunftssichernde Geschäftsfelder, wie wir heute wissen.

Bild 11  *Messerschmitt KR 200* , 200 cm³ 2-Taktmotor mit 9,5 PS, Kabinenroller genannt, aus den 50 er Jahren, Ausstellung Baden-Baden.

Bild 12  *Kleinschnittge* mit 2 Taktmotor, 150 kg Leergewicht, Baden-Baden. Autos mit 150 kg Leergewicht sind heute viel besser realisierbar.

Die kleinen Autos fielen wie *Goggomobil, Goliath, NSU Prinz, Spatz* u.a. dem zunehmenden Prestigedenken und dem Wohlstand zum Opfer. Ein unvergessener Traum blieb der *Mercedes 300 SL* Flügeltürer von 1955 mit und ohne Kompressor, Bild 13 DaimlerChrysler-Archiv. Merkwürdig, dass die Nachfolger an diesem Flair nie mehr völlig anknüpfen konnten.

Bild 13 *Mercedes 300 SL* Flügeltürer, ein unvergessener Traumwagen.

Die Automobilindustrie bietet die einzelnen Autotypen bei jeder Überarbeitung etwas größer an. Die Käufer folgen willig diesem Trend und wählen bei jedem Autokauf ein etwas größeres und schwereres Auto. Der Autotyp, wie der *Audi 50*, dann *60, 80, 90* z.B, welche früher Kleinwagen waren, sind mit den Jahren zur Mittelklasse *AUDI A4* mutiert. Zugegeben, die Menschen folgen dieser Verführung nur zu gerne, Bild 14 - 15. Für die Umwelt, die endlichen Ressourcen des Erdöls, ist dies eine verhängnisvolle Entwicklung. Diese Autos benötigen trotz der vollmundigen Ankündigung der Werbung meist nicht weniger Kraftstoff. Hinzu kommt, dass sich die Menschen in den ärmeren Ländern, Asien, Afrika, Südamerika selbstverständlich durch das Fernsehen auch entsprechende Fahrzeuge wünschen. Es ist abzusehen, dass diese Entwicklung nur in einer ökologischen Katastrophe enden kann. Insofern ist die Entwicklung eines 1 Liter-Autos, welches den Fahrern auch Fahrfreude bereitet, so wichtig.

**Bild 14** *AUDI 50*, AUDI-Mediaservice

**Bild 15** Der *AUDI A4* gehört jetzt zur Mittelklasse, AUDI-Werbung.

Das neue Auto sollte auch crashsicherer als der Vorgänger sein. Schließlich sind wir durch unseren zunehmenden Wohlstand nicht nur anspruchsvoller, sondern unbewusst auch wichtiger und wertvoller geworden. Der Nachkriegs-*VW-Käfer*, mit Brezel, wog 730 kg. Der heutige *Beetle* als direkter Nachfolger wiegt 1 215 kg. Ist das Fortschritt durch Technik ? Kann es so nicht Jeder ? So sind alle Autos von 1945 bis heute um ca. 60 % schwerer geworden.

Der Verbrauch sparsamerer Motoren wurde durch das Mehrgewicht der Autos wieder kompensiert. Zusätzlich gibt es die neuen elektronischen Helfer wie Airbag, Antiblockiersystem, Antischlupf-Regelung, Elektronische-Stabilitäts-Kontrolle, Gurtstraffer, Navigationssystem usw, ohne die heute ein Auto kein Auto mehr ist. Oder würden Sie ein Auto kaufen, bei dem das fehlt ? Das Verrückte ist, wir brauchen das alles, obwohl bei einem vorsichtigen Fahrer viele dieser elektronischen Helfer in einem Autoleben meist nie helfen müssen. Ja, wir sind nicht mal sicher, ob sie im Gefahrenfalle wirklich helfen würden, schizophren nicht ? Es geht hier nicht darum diese Hilfsmittel zu verteufeln, sondern unser widersprüchliches Verhalten bewusst zu machen. Im Jahre 2015 sollen bereits 30 % des Fahrzeugwertes aus Elektrik und Elektronik bestehen, Elektronik-Praxis 1 /2007. Muss das wirklich sein ?

Die Automobilindustrie war anfangs außerordentlich innovativ und wegweisend, wie die wenigen Bilder zeigen. Heute mit CAD ( computer aided design ) ist die Konstruktion viel leichter. Bereits bestehende Teile werden als Bauteil in die Konstruktion eingefügt. Mit CAM ( computer aided manufacturing ) werden die gewonnenen CAD-Dateien von der Computer gesteuerten Fräsmaschine Online übernommen und die Ziehformen der neuen Karosserie automatisch gefräst. An der Karosserie-Vielfalt kann man diesen Fortschritt erkennen. Mit CAE ( computer aided engineering ) werden alle Bauteile, bestehende und neue, wie Motor, Getriebe, Radaufhängung usw. im Computer maßgerecht wie ein Puzzle zusammengefügt. So wird das neue Automobil bereits im Computer real. Man kann die Türen öffnen, sich reinsetzen, die Instrumente ablesen und alle Details im Auto überprüfen. Selbst die Federung des Fahrzeugs, die Crashsicherheit werden im Computer vorher überprüft und getestet. So entsteht das neue Automobil viel schneller als früher, insbesondere wenn eine bestehende Plattform verwendet wird.

Das eigentliche Kind jeder Automobilfirma, der Motor, erfreute sich weniger dieses Fortschritts. Wie zäh erfolgte z.B. die Umstellung von 2 auf 4 Ventil-Motoren vor Jahren, obwohl viele Brennräume nach dem Winter wegen ungenügender Verbrennung total verkokt waren. Die Hub- und Position-abhängige Ventilsteuerung anstatt der Drosselklappe, die Direkteinspritzung, Strahl- oder Wand-geführt, die noch stromlinienförmigere Karosserie, Fischform, sind seit 70 Jahren bekannt und erforscht, Bild 16. Sie werden aber erst jetzt realisiert. Wann werden Ottomotoren noch sparsamer, endlich mit Luft-Überschuss betrieben, (Lamda > 1 ) ? BMW hat für 2012 einen Magermotor mit 270 PS ohne Luftdrosselung angekündigt. Der Magerbetrieb soll bis 4 000 U /min, bzw. 160 km /h wirken. Wann gibt es wirklich leichte, sparsame Fahrzeuge ? Fast alle Verbesserungen der Motoren sind der Elektronik zuzuschreiben. Sie entstanden entweder unter Druck durch Gesetze z.B. aus

Kalifornien USA oder durch Weiterentwicklungen bei den Zulieferern wie BOSCH u.a. Die Automobilindustrie selbst hat nur wenig zu Neuem oder gar ökologisch Wegweisendem beigetragen.

**Bild 16** Die Fischform des Rumpler von 1902 hat durch seine Zuspitzung der Frontpartie einen geringeren Luftwiderstand, Deutsches Museum. 2,6 Liter-Hubraum, 26 KW, Spitzengeschwindigkeit 105 km /h.

**Das Automobil ist im 19. Jahrhundert in Europa entstanden.** Viele Neuerungen, Verbesserungen und nicht zuletzt die Qualität haben die europäischen Autos gegen viele Widerstände zu den besten in der Welt gemacht. Inzwischen beschäftigt die Automobilindustrie in der Europäischen Union 12 Millionen Mitarbeiter. Es erfordert große Anstrengungen diesen Spitzenplatz zu halten und auszubauen. Denn Schwellenländer wie China u.a. mit weit niedrigeren Löhnen schicken sich an, uns auch auf diesem Feld Konkurrenz zu machen. Dabei gilt es zu bedenken, dass diese Länder auf bekannte Lösungen und Erfahrungen zurückgreifen können. Mit ihrer zunehmenden Industrialisierung werden sie zu einer Gefahr, siehe auch das Interview mit EU-Industriekommisar Günther Verheugen in der Auto Motor Sport 25 /2005. Aus diesem Grunde halte ich es für unerlässlich, dass die führenden Automobilhersteller nicht nur große, verführerische, PS-strotzende Fahrzeuge bauen, sondern sich auch energisch um die Mobilitätsprobleme der ärmeren Menschen dieser Welt bemühen. Die Menschen warten auf bessere Lösungen. Sie stellen die Mehrzahl der Menschen dieser Welt und damit einen riesigen, völlig neuen Markt dar. Außerdem zwingen uns die ökologischen Probleme längst vernünftigere Autos zu bauen.

## 1.1   Die Entwicklung des Motorrads

Die Entwicklung von Auto und Motorrad erfolgte sehr stürmisch. In wenigen Jahren wurden die wichtigsten Erkenntnisse dieser neuen Technologie umgesetzt, die auch heute noch gelten. Dabei blieb das Motorrad mit dem Automobil konstruktiv immer eng verbunden, Bild 17.

Bild 17  NSU-Motorrad von 1911, Zweiradmuseum Neckarsulm

Bereits 1922 bringt Megola ein Motorrad auf den Markt, das einen 5 Zylinder Sternmotor besitzt. Der Luft gekühlte, 650 cm³ Viertaktmotor mit 10 KW Leistung ist im Vorderrad untergebracht. Das Fahrzeug erreicht bei 123 kg Leergewicht eine Geschwindigkeit von 109 km /h.

Bild 18 Deutsches Museum.

Bereits 1927 bot Wanderer ein Motorrad mit 2 Zylinder V-Motor an, bei dem jeder Zylinder 2 Einlass- und 2 Auslass-Ventile besaß. Zur Realisierung von nur 5,4 PS war das nicht erforderlich, Bild 19 AUDI Mediaservice. Heute wissen wir, dass mit der 4 Ventil-Technik eine höhere Spitzenleistung erreicht wird, aber die Teillast ein geringeres Drehmoment aufweist. Manche moderne Motoren schalten daher bei Teillast einen der beiden Einlasskanäle ab. Es zeigt, dass damals die technischen Möglichkeiten schnell erprobt und realisiert wurden. Bei den Großserienautos von heute setzte sich die 4 Ventil-Technik nur zögernd durch. Erst als in der Ölkrise 1973 strengere Abgasvorschriften, aus USA kommend, entstanden. Obwohl längst klar war, dass bei vielen Motoren die Verbrennung bei außermittiger Zündkerze und den verwendeten Brennräumen ungenügend war. Bei manchen Fahrzeugen der damaligen Zeit fiel um den Auspuff herum kondensierte, unverbrannte, klebrige Masse auf.

Bild 19  1927, Wanderer 2 Zylinder V-Motor mit 2 Ein- und 2 Auslassventilen

1939 bietet DKW mit der *VS 250* ein 2 Zylinder 2 Takt Motorrad an, das mit rotierendem Kompressor 35 PS bei 6 000 U /min leistet. Das entsprach bereits damals einer Leistung von 140 PS aus einem Liter Hubraum. Das war Downsizing vor 70 Jahren. An Bergrennen lehrte sie den Motorräder mit Viertakt-Motoren das fürchten. Der pflegeleichte Kardanantrieb von Gerolamo Cardano wurde bereits 1925 von Stock Motorpflug im Motorrrad eingesetzt. Später wurde dieser Kardanantrieb in allen BMW-Motorrädern verwendet. Das erste 500 cm³ BMW-Motorrad mit Boxermotor hatte nur 8,5 PS.

**Bild 20  Stock Motorpflug Motorrad mit Kardanantrieb, AUDI Museum**

Die *250 cm³ Max* von NSU und ihre Rennerfolge läutete eine neue Zeit ein, Bild 21. Ihr neuartiger Kurbelschwingen-Ventiltrieb mit oben liegender Nokkenwelle erlaubte Drehzahlen von 10 000 U /min. Die Rennversion soll 70 PS aus 250 cm³ ermöglicht haben, das sind 280 PS aus einem Liter Hubraum. Viel mehr ist heute auch kaum möglich.

Bild 21  *250 cm³ NSU Max* mit oben liegender Nockenwelle, AUDI Mediaservice.

Der stromlinienförmig verkleidete *Baummsche Liegestuhl* von 1956 soll auf dem Salzsee in Utah mit einem 50 cm³ Motor eine Geschwindigkeit von 198 km /h erreicht haben, Bild 22 + 23. Voluminösere Motoren haben 200 km /h deutlich überschritten. Machen wir uns nichts vor, bereits damals war das 1 Liter-Auto realisierbar.

Bild 22 *Baummscher Liegestuhl II*, AUDI Mediaarchiv.

Baumm hat verschiedene, verkleidete Zweirad-Versionen realisiert. In der Version I liegt der Fahrer, wie Bild 23 zeigt. Bei der Version II sitzt der Fahrer bequemer, Bild 22. Die Position des Fahrers ist für seine Sicht und seinen Fahrkomfort ausschlaggebend. Die Karosserie könnte noch stromlinienförmiger gestaltet werden, wenn der Fahrer auf dem Bauch liegt.

**Bild 23** *Baummscher Liegestuhl I*, AUDI Mediaservice

Die meisten Motorräder haben 2 bis 8 Zylinder, die als Boxer, V oder in Reihe angeordnet sind. Mit ihren Drehzahlen bis 11 000 U /min sind große Leistungen und extreme Beschleunigungen möglich. Beschleunigungen von 0 auf 100 km /h in 4 sec sind nicht ungewöhnlich. Das ist Leistung pur, nur Besonnenheit oder Angst mäßigt noch das Tempo, Bild 24 BMW-Werbung.

Der quer liegende Vierventilmotor mit elektronischer Benzineinspritzung in die Ansaugkanäle verwendet einen 3-Wege-Katalysator zur Abgasreinigung.

Bild 24 *BMW K 1200* cm³ mit 167 PS bei 10 250 U /min, Leergewicht 248 kg.

Motorradfahren heute ist mehr als Fortbewegung. Das ist Fahrfreude am Rande des Wahnsinns. Es ist durch nichts zu überbieten. Dabei werden Mensch und Maschine zu einer Einheit. Leistung, Know-how und Können verschmelzen total.

Ein völlig verkleidetes, windschlüpfriges Motorrad fertigt Peraves, Winterthur Schweiz, mit dem *Ecomobil*, Bild 25. Unter den Motorrädern ist es ein totaler Außenseiter. Die hydraulisch betätigten Ausleger gewährleisten ein sicheres Anfahren und vermeiden in zu schnellen Kurven schwere Unfälle. Mit ABS, Verbundbremse, Klimaanlage, Sitzheizung und edlen Materialien wird Komfort geboten. Mit der 190 PS Turboversion aus einem 1 200 cm³ BMW-Motor werden bis 345 km /h erreicht. Diese Version kostet allerdings ca. 100 000 €. Ein Sportwagen benötigt hierzu mindestens 500 PS. Mit kleinerem Motor, begrenzter Geschwindigkeit und weniger Leergewicht, wäre das fast ein 1 Liter-Auto.

-Bild 25 *Ecomobil* von Peraves mit Ausleger, Peraves Werbung.
Leistung 190 PS, Geschwindigkeit bis 345 km/h, Leergewicht 455 kg.

Die von Peraves, http://eco.peraves.ch, einsehbaren Videos zeigen die Klasse dieser fahrenden Fahrzeuge.


2.	Das Auto, der Traum des Menschen, wird zum Problem.

Der enorme Fortschritt der Neuzeit gelang nur durch den Einsatz von Motoren. Die schwere Arbeit der Menschen und der Tiere als Antrieb wurden seit den Römern vor 2000 Jahren durch Wasserräder an Bächen ersetzt, die Mühlen, Hammerschmieden, Webereien usw. antrieben. Dann folgte die Dampfmaschine als erster, eigenständiger Motor an Stellen wo keine Wasserkraft zur Verfügung stand. Es gab Motorpflüge, Tunnelfräser, Bahnen, Schiffe usw, welche mit Dampf betrieben wurden. Die Eisenbahn-Romantik im Fernsehen spiegelt heute etwas diese Zeit wieder. Dabei spielt das Geräusch, puff, puff, der schwere Geruch des Dampfausstoßes und die Bewegung der Schubstangen in der Vorstellung der Menschen eine wichtige Rolle. Die Dampfmaschine ist und bleibt ein unvergessenes Erlebnis. Die viel leiser laufende Dampfturbine dagegen weckt trotz größerer Leistung und besserem Wirkungsgrad beileibe nicht dieselben Emotionen.

Der Elektromotor ist weit weniger spektakulär. Er ist in Drehzahl, Leistung und Drehmoment fast beliebig modellierbar. Er verrichtet leise seine Arbeit. Er ist zu einem vollkommenen Helfer ja Diener geworden, der ohne weiter wahrgenommen zu werden wirkt. Ohne Kollektor oder Schleifring ist er wartungsfrei und nahezu unverwüstlich. Die Drehzahl und das Drehmoment sind im Betrieb elektronisch regelbar. Der Elektromotor beeinträchtigt nicht die Raumluft durch Luftentzug oder schädigt sie durch Abgase. Kein Wunder, dass der Elektromotor überall als idealer Antrieb eingesetzt wird.

Der Verbrennungsmotor, besser Explosionsmotor, hat eine ganz andere Ausstrahlung auf uns Menschen. Diese Kraft, diese Wildheit, dazu dieses infernale Geräusch, erinnert uns unbewusst an ein noch ungezähmtes Tier. Unsere verborgenen Urinstinkte werden angeregt, wecken Emotionen, welche vernunftbedingt schwer erklärbar sind. Unwillkürlich lässt er uns erschauern, zieht uns in seinen Bann. Dabei fasziniert, dass dieser zitternde, starke Motor, mit seinem willigen Fahrwerk, uns gehorcht. Es ist kein Zufall, dass ein Porsche so laut ist, das ist verkaufsfördernd. Ferrari und andere modellieren sogar das Auspuffgeräusch für verschiedene Fahrweisen, leise oder laut, durch zusätzliche Klappen im Auspuff. Das Gefühl jederzeit überall hin fahren zu können, unsere eigene Wohnstube auf Rädern zu besitzen, vermittelt uns ungemeine Freiheit. Diese begehrte, elegante, modische Form, diese Größe und Leistung vermittelt uns Respekt und Ansehen. Unser Sein oder Nichtsein, unsere Einordnung in der Gesellschaft, wird stark von unserem Fahrzeug bestimmt. Schon der Prophet Elisa der Bibel pflügte vor 2800 Jahren mit 12 Ochsen, wo einer ausgereicht hätte. Dieses Bedürfnis des Menschen nach Bedeutung und Größe ist nicht neu.

Das Auto mit seinem Verbrennungsmotor hat unsere Welt total verändert. Man klebt nicht mehr an einem Ort, sondern ist mobil. Man geht weit entfernt zur Arbeit, kauft ein, wo es einem gefällt. Reist mit Sack und Pack durch die halbe Welt. Dies führte zu dieser Vielzahl von Autos, Fahrzeugen aller Art. In der westlichen Welt kommen auf jede Person bis zu 0,7 Autos. Durch die Abgasvorschriften aus Kalifornien USA, das Waldsterben, die Erderwärmung, das Ozonloch, die unübersehbare Umweltverschmutzung wurden wir aus unseren schönen Träumen aufgeschreckt. Wir begannen nachzudenken. In den Städten fahren ca. 1,3 Personen in einem Auto im Mittel nur 30 km weit. Dazu benötigen wir eine Motorleistung von mindestens 70 PS in einem Auto mit 1 200 kg Leergewicht und mehr. Dabei reichen in der Stadt 12 PS zur Fortbewegung völlig. Nur zum kurzzeitigen Beschleunigen ist eine größere Leistung angenehm. Ein kleinerer, wirtschaftlicher Motor mit einem großen Leistungsspeicher, Booster, würde diese Funktion besser erfüllen. Der Transport von 2 Personen, ca. 200 kg Gewicht, durch ein Auto mit

1200 kg Leergewicht ist unverhältnismäßig, eine Verschwendung der Ressourcen unserer Erde. Beide, die Motorleistung und das Gewicht, sind um den Faktor 6 überdimensioniert. Nicht das Auto an sich, sondern seine Überdimensionierung verursachen den unnötig hohen Kraftstoffverbrauch und die damit verbundenen Umweltprobleme. Die EU-Kommission hat daher Fahrzeuge bis 350 kg Leergewicht, 45 km /h Geschwindigkeit, 4 KW Leistung, den Microcar als neue Kategorie, gegen den Widerstand der Automobilindustrie, aus der Taufe gehoben. Die Frage stellt sich, wie viel Auto braucht der Mensch ? Sicher ist, eine rollende Verzichterklärung begeistert niemand. Wirklich sparsame, umweltfreundliche, spaßmachende Autos bietet bisher keine Automobilfirma an. Warum auch, größere ergeben höhere Renditen.

In der europäischen Automobilindustrie sind 12 Millionen Menschen beschäftigt. Sie dominieren zusammen mit den Japanern den Weltmarkt. Selbstverständlich müssen diese vielen Arbeitsplätze durch fortwährende Innovationen erhalten und gesichert werden. Das ist aber kein Grund, nicht auch neue Auto-Philosophien aufzunehmen und in neuen Produkten zu realisieren und zu vermarkten. Schließlich handelt es sich um einen riesigen, neuen Markt, welcher zunächst mehr in den asiatischen Schwellenländern zu Stückzahlen führt. Man rechnet damit, dass allein China jedes Jahr 1 Million neue Autos benötigt. Die Auswirkungen auf die Umwelt sind unvorstellbar.

## 2.1 Weiter-so-Philosophie

In einer Art Wagenburgpolitik betreiben die Automobilfirmen ihre Weiter-so-Philosophie. Die Autos werden immer größer, schwerer und leistungsfähiger. Bild 26 zeigt den *AUDI S8* mit V10 Motor. Sein 5,2 Liter-Motor hat 450 PS bei 530 Nm Drehmoment, Bild 27. Mit der Direkt-Einspritzung des Benzins in die Zylinder wird eine Verdichtung von 12,5 : 1 möglich. Diese hohe Verdichtung erzielt einen bestmöglichen Wirkungsgrad. Die Last- und Drehzahl-abhängige Ventilsteuerung, die Steuerung optimaler Luftansaugwege, gewährleisten bereits bei 2 300 U /min ein Drehmoment von 90 % des Spitzenwertes. Dieser Motor ist, wie viele andere, Ingenieurkunst vom Feinsten. Wie in einem Konzert arbeiten diese vielen Teile, diese ausgefeilte Technik, planvoll zusammen. Die Kraft dieses V10-Motor ist im *AUDI S6* und *S8* mit Quattroantrieb wie üblich auf die 4 Räder verteilt. Im bergigen, winterlichen Gelände ist der 4 Radantrieb unverzichtbar. Ansonsten wäre im Winter dort ein zweites Fahrzeug erforderlich. Ein 6 Gang Automatikgetriebe sorgt für den Vortrieb. Serienmäßig sind Luftfederung mit adaptiv verstellbaren Stoßdämpfern verbaut, also Sportlichkeit ohne Wellnessverzicht.

**Bild 26** *AUDI S8* **mit V10 Motor mit 5,2 Liter Hubraum, AUDI Mediaservice**

Der Wirkungsgrad von Otto- und Diesel-Motoren wurde durch die Einführung der Kraftstoffeinspritzung, Regelung des Zündzeitpunktes an der Klopfgrenze, Variation der Öffnungszeiten der Ventile, Anpassung der Luftansaugwege für Teil- und Volllast-Betrieb vergrößert. Ohne den Einsatz moderner Elektronik wäre dieser Fortschritt nicht möglich gewesen. Noch vor 50 Jahren wurden elektronische Schaltungen mit Radioröhren realisiert. Sie wären für die heutigen Motorsteuerungen zu groß, zu schwer und viel zu störanfällig. Dass der Transistor in integrierten Schaltungen diese rasante Entwicklung nimmt war unvorstellbar. Diese Entwicklung diente dazu die Leistung der Motoren noch weiter zu erhöhen. Außerdem erhöhte die Elektronik die Sicherheit der Fahrzeuge durch Anti-Schlupf-Regelung ASR, Elektronische-Stabilitäts-Kontrolle ESP, Airbag. Nun kommen noch zusätzliche Hilfen hinzu, wie die automatische Abstandskontrolle, das automatische Einparken, automatische Lichtsteuerung u.a. Das Auto wird immer sicherer und komfortabler – aber auch immer schwerer und teurer. Diese Verbesserungen der Motoren und das steigende Bedürfnis nach noch mehr Sicherheit erhöhen das Leergewicht weiter.

Das technisch Machbare wird immer mehr zu einer anbetungswürdigen Projektion unseres Ich. Auch der einfache Mensch verherrlicht sich damit. Obwohl er zu dieser Entwicklung selbst im Grunde nichts beigetragen hat. Die Errungenschaften der Wissenschaft und Technik, diese geschaffenen, leistungsfähigen Prothesen, machen den Menschen scheinbar Gott gleich.

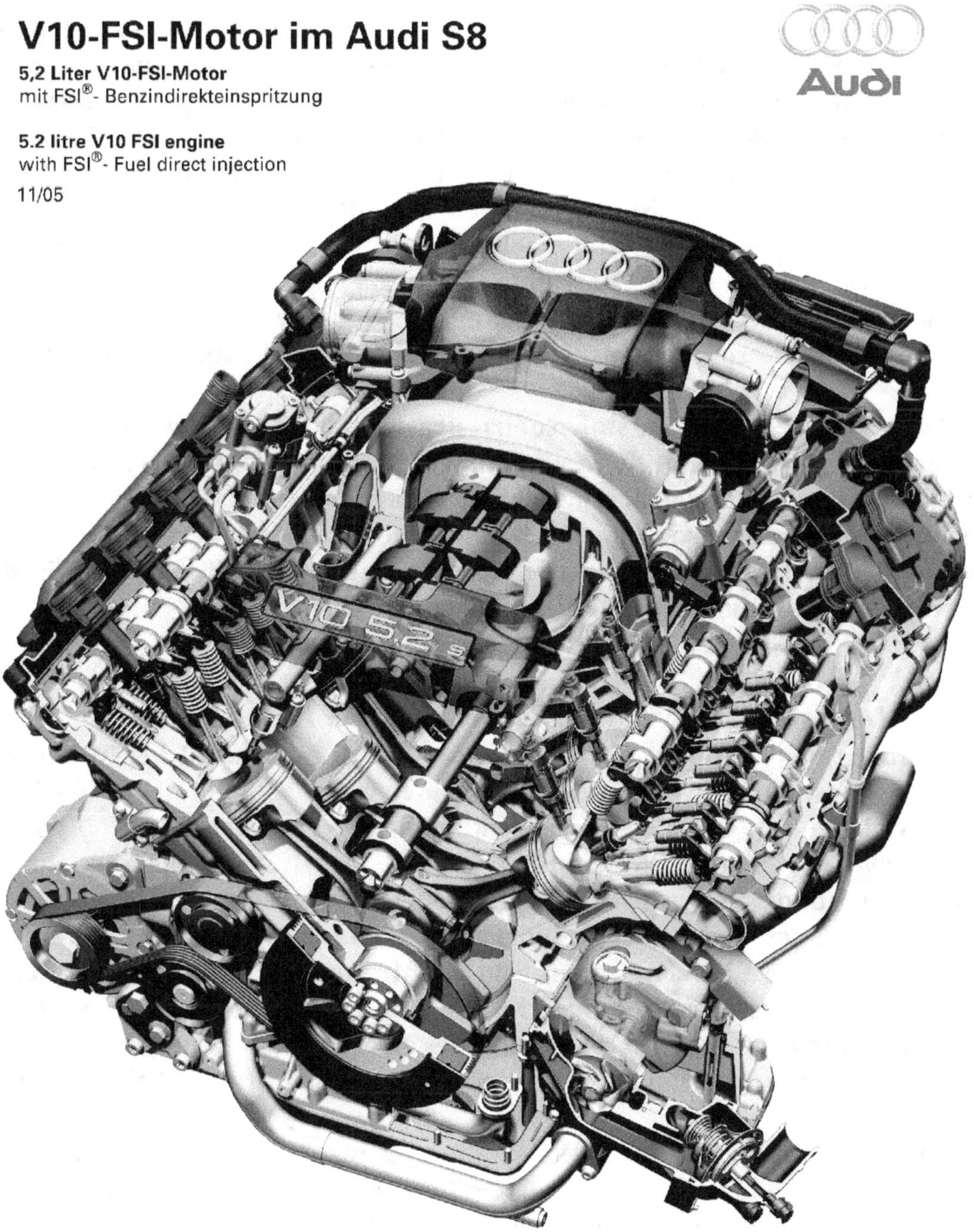
V10-FSI-Motor im Audi S8
5,2 Liter V10-FSI-Motor
mit FSI®- Benzindirekteinspritzung
5.2 litre V10 FSI engine
with FSI®- Fuel direct injection
11/05
Audi
V10 5.2 S

**Bild 27** ***AUDI V10-Motor*** **mit 5,2 Liter Hubraum, 450 PS, AUDI Mediaservice.**

Diese Spirale des Fortschritts, dieser Wahnsinn der Weiter-so-Philosophie, macht eine weltweite Katastrophe unausweichlich. Die Auswirkungen der Erderwärmung der letzten 50 Jahre sieht man gut an den Gletschern. Die Eismasse vieler Gletscher im Norden ist um 40 % zurückgegangen. Man rechnet damit, dass die Gletscher der Alpen und der Arktis in den nächsten 50 Jahren völlig verschwinden. Das ist nicht nur ein Problem für Skifahrer. Durch das weitere Schmelzen der Eisberge weltweit wird die Heimat von 200 Millionen Menschen vom Meer überflutet, noch ernährendes Ackerland wird durch die Erderwärmung zur Wüste. Das führt zu einer Völkerwanderung ungeheuren Ausmaßes, zu einer enormen Schädigung der Menschen und ihrer Wirtschaft. Kriege um die Ressourcen Energie und Ernährung sind kaum zu vermeiden.

Selbst wenn der $CO_2$-Ausstoß sofort drastisch gedrosselt werden könnte, stiege die Erdtemperatur in den nächsten 50 Jahre weiter stark an. Dieses Problem, durch den zügellosen Konsum der Industriestaaten der westlichen Welt hervorgerufen, wird die Menschheit noch Jahrhunderte beschäftigen. Auch weil die Erdbevölkerung weiter von heute 6 bis 2050 auf 9 Milliarden anwachsen wird. Ein weltweites Umdenken eilt sehr.

## 2.2 Downsizing der Motoren, Verwendung von Leichtmetall

Downsizing der Motoren, die Verwendung von Leichtmetall bei Motor und Karosserie ist ein erster Schritt. Aber keiner welcher die bestehenden Probleme wirklich löst, weil die Fahrzeuge kaum leichter werden. Der *Golf TSI* *1 390 cm³* mit Benzin-Direkteinspritzung in die Brennräume erreicht mit Doppelaufladung, einem Riemen betriebenen Kompressor mit kombinierten Abgasturbolader und Ladeluftkühler, bei Verwendung von 95 ROZ Superbenzin 100 PS je Liter Hubraum, Bild 28. Mit dem teuren Superplus Benzin werden bei höherer Aufladung 121 PS pro Liter Hubraum erreicht. Die Direkteinspritzung führt zur Kühlung des Brennräume, wodurch eine klopfende Verbrennung vermieden und eine höhere Verdichtung möglich wird.

Die neuen 3 Liter 6 Zylinder-Reihenmotoren im *BMW 335i* verwenden zur Aufladung zwei kleine, parallel geschaltete Abgasturbolader mit Ladeluftkühlung und Strahl-geführter Benzin-Direkteinspritzung in die Brennräume. Um die 306 PS bei 5 800 U /min zu gewinnen, spülen die Abgasturbolader den Brennraum kurzzeitig mit Frischluft, um dann mit einer fetteren Verbrennung doch noch Lamda = 1 in der Abgasregelung zu erreichen. Dieser aufgeladene 6 Zylinder-Motor hat die Leistung eines 8 Zylinder- Saugmotors. Sein bekannt samtweicher Lauf reicht bis 7 500 U /min, wobei das Drehmoment von 1 300 – 5 200 U /min konstant bei 400 Nm begrenzt wird, Auto Motor Sport 23 /2006. Die variable Ventilsteuerung Valvetronik regelt die Öffnungszeiten der Ein- und Auslassventile und den Ventilhub der Einlassventile je nach Drehzahl und Belastung. So kann auf eine zentrale Drosselklappe verzichtet werden, was zusätzlich Kraftstoff spart. Das gewährleistet bestmögliche Spontanität des Motors. Das gierige Ansprechen auf jede Gaspedalbewegung erlaubt Fahrspaß pur. Dieses Downsizing des BMW-Motors dient wiederum mehr der Erhöhung der Motorleistung bei etwas verkleinertem Hubraum. Der *BMW 745 i* mit Abgasturbolader aus dem Jahre 1984 mit 3,5 Liter Hubraum, aber nur 2 Ventilen je Brennraum, entwickelte bei 4 700 U / min bereits 252 PS. Bei 5 800 U /min hätte der *BMW 745i* von 1984 auch 306 PS leisten können. Der *BMW 745i* von damals hatte ein Leergewicht von 1 590 kg, siehe Betriebsanleitung. Der aufgeladene *BMW 335i* von 2007 bringt bei weit kleineren Fahrzeug-Abmessungen heute 1 627 kg auf die Waage. Ist das Fortschritt durch Technik ? Die Automobilindustrie ködert die Käufer immer wieder mit großartigen Worten, scheinbar revolutionären Verbesserungen, zum Kauf neuerer Autos. In Wirklichkeit sind es kleine Weiterentwicklungen, Änderungen. Ein neues Design, LEDs ( light emitting diode ) anstatt Glühlampen in den Leuchten, Benzineinspritzung jetzt in die Brennräume, vorher in die Luftansaugkanäle usw. Die Regierungen unterstützen diesen Missbrauch ihrer Bürger, diese Verschwendung der Ressourcen, indem sie alle paar Jahre neue Abgasvorschriften erlassen. Diese Maßnahme nennen sie Ankurbelung der Wirtschaft. Längst müsste die Automobilindustrie verpflichtet werden wichtige Neuerungen generell in bereits vorhandenen Fahrzeugen nachzurüsten.

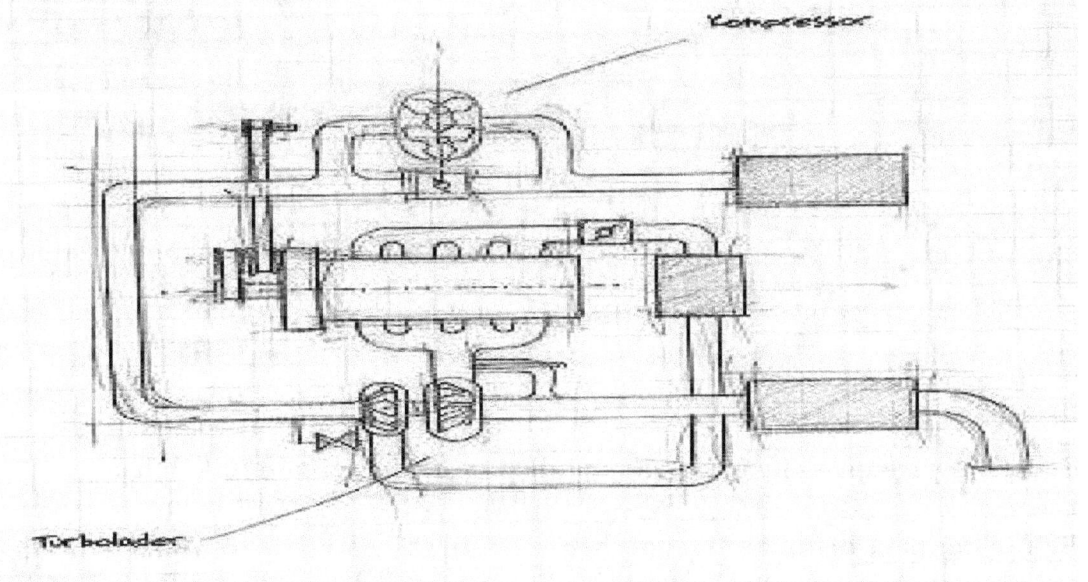

Bild 28  Schema des *GOLF TSI 1 390 cm³*, 140 PS durch Direkteinspritzung, Doppelaufladung mit Kompressor und Turbolader, VW-Werbung.

**2.3   Vergleich der Königsklasse mit einem optimalen 1 Liter-Auto.**
Ist es sinnvoll den Motor für eine Höchstleistung auszulegen, wenn sie nur kurzzeitig und selten benötigt wird ? Viel wichtiger ist, die Motorleistung mit höchst möglichen Wirkungsgrad an das Cruisen im üblichen Verkehr anzupassen. So wird der Kraftstoffverbrauch in Stadt und Land drastisch gesenkt. Ein Auto mit größerem Hubraum hat immer einen größeren Kraftstoffverbrauch und mehr Gewicht. Wenn kurzzeitig eine höhere Leistung zum Beschleunigen erforderlich ist, erhöht ein Booster die Motorleistung besser. Dies geschieht am sparsamsten mit einem Hybridantrieb. So ist ein 1 Liter-Auto realisierbar, welches in der Stadt im Economy-Mode nur 0,3 Liter Kraftstoff pro 100 km benötigt, aber bei Bedarf im Sport-Mode von 0 auf 100 km /h in 5 sec beschleunigt. Dieses 1 Liter-Auto ist außerordentlich sparsam, trotzdem erlaubt es bei Bedarf jederzeit Fahrspaß pur. Dieses 1 Liter-Auto muss sich vor der teuren Königsklasse nicht verstecken. Im Gegenteil die Königsklasse erscheint bei aller Größe und Komfort protzig und technisch überholt. Bezüglich der Fahrleistungen sind keine Kompromisse nötig. Nur das Crashverhalten des 1 Liter-Autos kann etwas eingeschränkt sein, Bild 29. Auch ein so kleines Auto kann Fahrfreude bereiten, attraktiv und selbstbewusst gestaltet sein. Hier für eine Person.

**Bild 29** *Joydance,* sicher, sparsam, und spurtstark, Spitze 120 km /h

**Betrachtet man beide Fahrzeugtypen, den *AUDI S8* mit V10 Motor und dieses 1 Liter-Auto, so prallen zwei völlig verschiedene Philosophien aufeinander. Ein sportliches Traumauto vom Feinsten gegen dieses, für viele mit Recht, poppelige 1 Liter-Auto. Auch wenn das grotesk erscheint, von den Zahlen her sind sie bis zu einer Geschwindigkeit von 120 km /h ebenbürtig.**

Der *AUDI S8* hat ein Leistungsgewicht von 4,3 kg /PS, das 1 Liter Auto nicht mehr, siehe auch Auto Motor Sport 26 /2005. Eine Beschleunigung von 0 auf 100 km /h in ca. 5 sec ist bei beiden möglich. Kann man ein ca. 100 000 Euro teures Auto mit einem solchen Underdog-Winzling überhaupt vergleichen ? Ja, denn beide fahren von A nach B ! Im städtischen Verkehrsgewühl hat das 1 Liter-Auto durch seine geringeren Abmessungen deutliche Vorteile. Beide bieten dem Fahrer einen geräumigen, komfortablen Arbeitsplatz. Der *AUDI S8* hat 5 Sitzplätze, einen großen Kofferraum, das ganze Auto ist geradezu majestätisch. Nur für den Fahrer selbst ergeben sich daraus wenig Vorteile. Auf der Autobahn in Deutschland kann der *AUDI S8* auch über 120 km /h hinaus stark beschleunigen, kurzzeitig 250 km /h fahren. Weit schneller als das 1 Liter-Auto, wenn es die Verkehrsdichte mal erlaubt. In allen anderen Ländern der Welt wird durch die Geschwindigkeitsbegrenzung aber dieser Vorteil beschnitten. Ist das nicht Anlass genug, kritisch über unsere übertriebenen Mobilitätswünsche nachzudenken, welche bald nur noch auf abgesperrten Rennstrecken erlebbar sind ? Ist so ein Traumauto dann nicht mehr zum Vorzeigen, zur Hebung des eigenen Egos gedacht, als zum Fahren ?

## 2.4 Fazit

Mit einem Leistungsbooster kann auch ein sparsames Fahrzeug sportlich beschleunigen. So ist Fahrspaß nicht länger eine Frage der PS. Es wird gezeigt, dass der $CO_2$-Ausstoß in der Stadt gegenüber der Königsklasse mit > 300 g /km auf ca. 10 g /km reduziert werden kann, ohne an Fahrspaß einzubüßen. Die Frage ist, wie realisiert man diesen Leistungsbooster ? Die in Deutschland verbotene Verwendung von flüssigem Lachgas, $N_2O$, ermöglicht kurzzeitig eine Leistungssteigerung von 100 % ohne technische Änderungen am Motor. Manchen Mopedfahrer hat ein solch getunter Motor erfreut. Das flüssige Lachgas wird dabei mit einer zentralen Düse in in die Ansaugluft gespritzt, wobei gleichzeitig zusätzliches Benzin beigegeben wird. Der größere Sauerstoffanteil in den Brennräumen verursacht mit der erhöhten Kraftstoffdosis diese kräftige Leistungserhöhung. Das Lachgas brennt selbst nicht und kühlt die Brennräume. Als Treibmittel ist Lachgas z.B. in Sahnespritzdosen erlaubt, obwohl es erst nach ca. 100 Jahre in der Atmosphäre abgebaut wird - also so lange die Ozonschicht und die Umwelt schädigt. In Verbrennungsmotoren ist der Einsatz von Lachgas verboten, obwohl die Verbrennungstemperatur über 600 ° Celcius das Lachgas in unschädlichen Stickstoff $N_2$ umwandelt und den Sauerstoff O verbrennt. Von der Politik könnte man sinnvollere Maßnahmen erwarten. Ist der Einfluss der Ölgesellschaften so groß, dass die Politik solche absurden Entscheidungen treffen muss ?

## 3. Die Vorläufer eines serienfertigen 1 Liter-Autos

**Volkswagen hat als eine der wenigen Automobilfirmen in mehreren Anläufen Kraftstoff sparende *GOLF* und *POLO*, mit besseren Motoren, Start-Stopp-Betrieb u.a. hergestellt. Der *LUPO 3 L* mit einem Verbrauch von 3 Liter pro 100 km war die Krönung. War der Preis gemessen an der Kraftstoffeinsparung zu hoch ? Das Auto im Erscheinungsbild nicht attraktiv genug ? Die verkauften Stückzahlen blieben so klein, dass alle Fahrzeuge bald wieder aus der Produktion genommen wurden. Allerdings blieb der Verdacht, dass Volkswagen diesen Markt nicht wirklich erobern wollte. Bei der Durchsetzung am Markt fehlte wohl die nötige Entschlossenheit.**

**Bild 30 Prototyp *1 Liter-Auto von Volkswagen*, Bild aus VW-Studie**

**Mit dem *1 Liter-Auto hat VW* als erste Automobilfirma mit einem Prototyp bewiesen, dass ein wirklich sparsames Fahrzeug möglich ist, Bild 30. Der Kraftstoff-Verbrauch beträgt 1 Liter /100 km. Das Fahrzeug hat Platz für 2 Personen hintereinander und zusätzlich 80 Liter Stauraum. Zum Antrieb wird ein direkt eingespritzter 300 $cm^3$ Einzylinder-Dieselmotor mit 8,5 PS eingesetzt. Mit einer Geschwindigkeit bis 120 km /h ist es ein vollwertiges Auto – es behindert nicht den Verkehr. Die passive Sicherheit entspricht dem eines für Rennen zugelassenen GT-Sportwagens. Die Karosserie besteht aus Magnesium-Spaceframe und Kohlefaser-Verbundwerkstoff. Die Kosten wa-**

ren nach der Vorkalkulation viel zu hoch. Schon allein die Karosserie hätte „35 000 €" gekostet, wie der Aufsichtsratsvorsitzende Dr. Piech der Braunschweiger Zeitung April 2007 im Interview mitteilte. Dieses 1 Liter-Auto würde das Vielfache eines *GOLF* kosten. Eine Fertigung dieses 1 Liter-Autos war nach den vorangegangenen Erfahrungen nicht sinnvoll. Ein sparsames Fahrzeug muss auch im Anschaffungspreis angemessen sein. Wer beim Kraftstoff mit dem Cent rechnet, scheut sich auch nicht eine Amortisationsrechnung des gesamten Fahrzeugs vorzunehmen.

Dieses 1 Liter-Auto wurde als Prototyp in Leichtbautechnik gefertigt. Es ist voll Alltags tauglich. Es wiegt nur 290 kg, ein vorher unvorstellbarer Wert. Der Motor wurde als Mittelmotor quer vor der Hinterachse installiert. Das aufwendig gefertigte Leichtbau-Fahrwerk ( Doppelquerlenker vorn, De-Dion-Hinterachse ) sorgt in Verbindung mit dem niedrigen Schwerpunkt und dem geringen Fahrzeuggewicht für ein sehr agiles Lenkverhalten. Für den geringen Kraftstoff-Verbrauch sorgt neben dem geringen Leergewicht vor allem die stromlinienförmige Karosserie. Ein Cw-Wert von 0,159 ist im Automobilbau unübertroffen. Mit dem 6,5 Liter Kraftstofftank wird eine Reichweite von 650 km erreicht. Das 1 Liter-Auto hat ein automatisiertes 6 Gang-Getriebe. Im Schiebebetrieb des Fahrzeugs schaltet sich der Motor ab, das Fahrzeug rollt ohne dass der Motor läuft. Das Triebwerk springt sofort wieder an, sobald das Gaspedal getreten wird. Für den sofortigen Neustart sorgt ein Anlasser-Generator. Dieser ist mittels eines Doppelkupplungssystems zwischen Motor und Getriebe positioniert. Der Anlasser-Generator wirkt neben seiner elektrischen Funktion auch als Schwungrad. Diese Technik ermöglicht die Unterstützung des Verbrennungsmotors durch den Anlasser als Booster und die Speicherung der Bremsenergie mit dem Generator in der Batterie. Diese Technik entspricht der künftiger Hybridantriebe. Siehe die VW-Studie „Demonstration der Machbarkeit einer Idee". Die Entwicklung hat Dr. Gänseke geleitet. Das Datenblatt der VW-Studie zeigt Bild 31.

Dieses 1 Liter-Auto von VW nimmt künftige Antriebe von Oberklasse-Autos vorweg. Einen Hybridantrieb mit automatisiertem 6 Gang-Getriebe und Doppelkupplung gibt es bisher nicht. Auch nicht von TOYOTA. Dort läuft der Verbrennungsmotor im Puls-Pausen-Betrieb immer bremsend mit. Sein Planetengetriebe erlaubt auch nicht den reinen Elektroantrieb bei höherer Geschwindigkeit. Im Prototyp von VW fehlte es an nichts - Vierkanal-ABS, Elektronische Stabilitätskontrolle ESP, Rückfahrkamera, Crashtubes, Airbags usw. Muss ein 1 Liter-Auto in allen Details einem Oberklasse-Auto entsprechen ? Müssen denn unbedingt die teuersten Materialien verwendet werden ? Kann es so preisgünstig genug werden ?

| Motor | |
|---|---|
| Prinzip | 1-Zylinder-Saugdiesel mit Pumpe-Düse-Einspritzung |
| Hubraum | 299 cm³ |
| Bohrung x Hub | 69 mm x 80 mm |
| Verdichtungsverhältnis | 16,5 : 1 |
| Ventile pro Zylinder | 3 |
| Ventiltrieb | Zwei obenliegende Nockenwellen |
| Motorgewicht (trocken) | 26 Kg |
| Leistung | 6,3 kW (8,5 PS) bei 4.000 U/min |
| Drehmoment | 18,4 Nm bei 2.000 U/min |
| **Fahrleistungen / Verbrauch** | |
| Höchstgeschwindigkeit | 120 km/h |
| Verbrauch | 0,99 Liter / 100 Kilometer |
| **Karosserie- und Rad-Reifen-Dimension** | |
| Länge x Breite x Höhe | 3.646 x 1.248 x 1.110 mm |
| Radstand | 2.205 mm |
| Spurweite vorn / hinten | 1.000 / 810 mm |
| Tankinhalt | 6,5 Liter |
| Fahrzeuggewicht | 290 Kg |
| Kofferraumvolumen | 80 Liter |
| Luftwiderstand cW / Fläche | 0,159 / 1,0 m² |
| Reifen vorn / hinten | 95/80 R 16 / 115/70 R 16 |

**Bild 31  Daten des Prototyp *VW 1 Liter-Auto*, aus der VW-Studie**

Für kostengünstige 1 Liter-Autos sind völlig neue Konstruktionen und eigene Fertigungsprozesse notwendig. Konstruktionen, welche heute noch nicht üblich sind. Ein rationeller Fertigungsprozess unter Einsatz von modernen Werkzeugen einer Großserienfertigung ist unerlässlich. Auch ist eine Abkehr von Metall als dominierendem Material beim Bau von 1 Liter-Autos unumgänglich. Nur so sind die geforderten Eigenschaften, niedrige Kosten und kleines Gewicht möglich. Die Fahreigenschaften des 1 Liter-Autos sollten nicht eingeschränkt werden. Im Gegenteil ein sportliches Fahren erhöht die breite Akzeptanz des Fahrzeugs erheblich. Wie bei anderen Gegenständen des täglichen Gebrauchs wird eine Reparatur nach einem ordentlichen Crash nicht mehr möglich sein. Die Anschaffungskosten des 1 Liter-Autos müssen so klein sein, dass sich eine solche Reparatur nicht mehr lohnt.

## 3.1 Die Lehrlinge von DaimlerChrysler

Die Lehrlinge von DaimlerChrysler hatten über viele Jahre neben ihrer fachlichen Ausbildung die herausfordernde Aufgabe, fahrbare Prototypen von extrem sparsamen Fahrzeugen auszudenken und herzustellen. Die Lehrlinge haben diese Aufgabe mit großer Begeisterung und Erfolg vorgenommen. Sie erprobten diese Fahrzeuge in der Praxis und stellten sie der Presse vor. Ein kleiner, leichter Lehrling erreichte mit einem verplombten Tank bei einer Testfahrt nach Spanien 1 600 km mit 1 Liter Kraftstoff. Leider war von diesem Fahrzeug kein Foto erhältlich. Man hätte nun meinen, hoffen können, diese Erfolge der Lehrlinge färben etwas auf die Automobile von DaimlerChrysler und ihre Ziele ab. An der Modellpolitik des *Smart*, mit 805 kg Leergewicht und 4,7 Liter Verbrauch pro 100 km, sieht man die Reaktion des Vorstands, Bild 32. Dieses Auto, mit 2,5 m Länge, tat anfänglich nicht nur den Lehrlingen bei DaimlerChrysler weh.

Bild 32 *Smart* mit 40 - 60 KW eine Alternative, DaimlerChrysler Archiv. Der *Smart-Roadster,* mit schickem Design, wurde eingestellt.

## 3.2 Internationaler Shell Eco-Marathon

Die Fa. Shell schreibt seit 1976 regelmäßig einen Wettbewerb aus. Bei diesem Wettbewerb werden die sparsamsten Fahrzeuge von Firmen, Hochschulen vorgestellt und miteinander verglichen. Dabei stehen auch verschiedene Antriebe wie, Diesel-, Benzin-Motor, Elektromotor mit Batterie, Solarzelle oder Brennstoffzelle in Konkurrenz zueinander. Diese Fahrzeuge sind besonders leicht, haben eine kleine Stirnfläche, einen geringen Cw-Wert und einen kleinen Rollwiderstand. Die Fahrzeuge müssen beim Test mit einer mittleren Geschwindigkeit etwas schneller als 30 km /h fahren. Hierzu verwenden sie fast ausschließlich Motoren, welche das Fahrzeug kurzzeitig z.B. auf 45 km /h beschleunigen. Danach rollt das Fahrzeug ohne Antrieb aus, bis z.B. eine Geschwindigkeit von 20 km /h erreicht wird. Um dann erneut den Motor zu starten und wieder auf 45 km /h zu beschleunigen, Bild 33. Ihr Motor arbeitet im Puls-Betrieb. Wir kennen das von Zugvögeln, Delphinen u.a, welche kurzzeitig antreiben ( Puls ) und dann in der Pause ohne Antrieb segeln. Siehe 1999 www.eco-marathon.de, 2007 www.fortis-saxonia.de/home/.

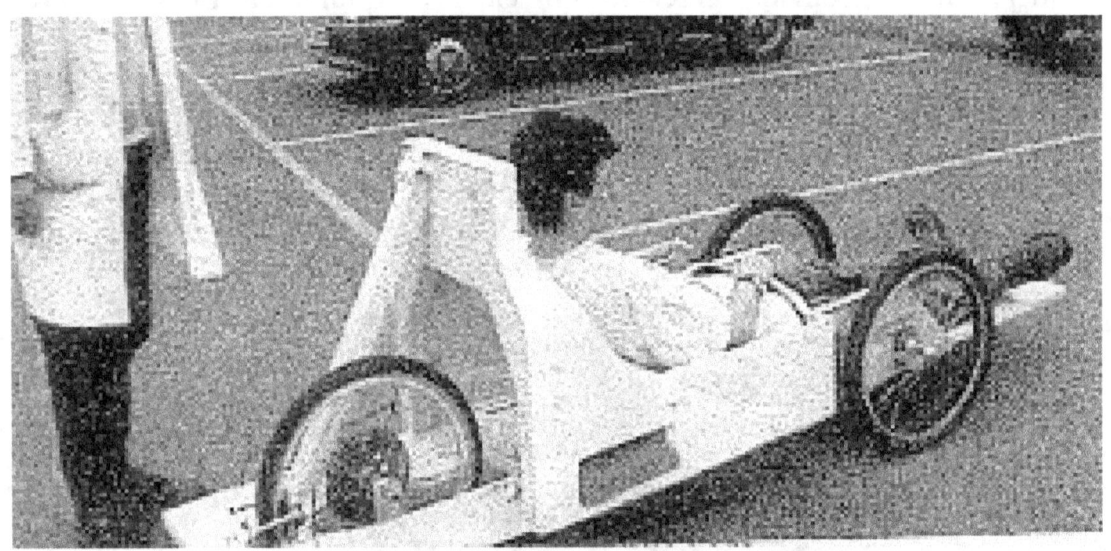

Bild 33a  Mit Styropor wird der Leichtbau des *Bath A* erreicht.

Im Jahr 1999 erreichte das Fahrzeug *Bath A* 2 361 mpg ( miles per gallon ), *Bath B* 2 917 mpg mit einem 35 cm³ Motor, das sind 0,081 Liter Diesel pro 100 km. Der Rekord von *Optima Racing* Frankreich liegt bei 5 101 mpg Diesel, der von *Microjoule* Frankreich bei 9 845 mpg Benzin. 2005 erreichte die ETH-Zürich mit *PAC-ll* immerhin 9 024 mpg mit einem Fahrzeug mit Wasserstoff-Brennstoffzelle. Der absolute Rekord mit über 10 000 mpg liegt bei 0,024 Liter pro 100 km. Der *Sax 2* der Technische Universität Chemnitz erreichte 2007 mit H-Brennstoffzelle 2 552 km /l, Cw-Wert = 0,07. Sparsame

Fahrzeuge sind also möglich. Das 1 Liter-Auto darf gerne weniger als 1 Liter Kraftstoff pro 100 km verbrauchen. Aber es muss im Alltag weit schneller als 30 km /h fahren. Es darf kein Verkehrshindernis sein, es muss sicher, geräumig und komfortabel sein. Und besonders wichtig ist, es sollte richtig Spaß machen.

Bild 33b *Bath A* aus Styropor mit einem 232 cm³ Einzylinder-Dieselmotor und 20 Zoll Fahrradreifen, www.bath.ac.uk/~ensegb/shell99.htm.

4.0    Die beste Antriebsart für das 1 Liter-Auto ?

Mit den verschiedensten Antrieben beim Internationalen Shell Eco-Marathon konnten Rekorde aufgestellt werden. Beim Antrieb des 1 Liter-Autos geht es weniger um einen Sparsamkeits-Rekord. Vielmehr muss dieser Antrieb in der Praxis narrensicher sein und von jedermann akzeptiert werden.

4.1    Elektroantrieb mit der Ladung der Batterie aus dem Stromnetz.
Das ist eine bestechende Lösung, weil Stromenergie in Europa um einiges billiger ist als Benzin. Die KWh Energie kostet nur ca. die Hälfte als die im

Auto hergestellte. Ökologisch ist das aber eine Milchmädchen-Rechnung, weil das Strom erzeugende Kraftwerk auch nur maximal 40 % Wirkungsgrad bei der Stromerzeugung aufweist. Aber solche Elektrofahrzeuge haben keinerlei Abgase und sie fahren praktisch geräuschlos. Kein Wunder, dass eine ganze Reihe solcher Fahrzeuge entstanden.

Sir Clive Sinclair hat sich 1978 mit dem preisgünstigen Heimcomputer unter 100 Pfund einen Namen gemacht. Danach entwickelte er 1985 als Minimalist den *C5 Sinclair* für eine Person, Bild 34. Der *C5* erreichte eine Geschwindigkeit von 25 km /h bei einer Reichweite von 40 km. Er verwendete eine übliche 12 V Bleibatterie zur Energiespeicherung. Der *C5* wurde von Hoover in Stückzahlen gebaut. Auch heute sind noch Exemplare erhältlich.

Bild 34  *C5 Sinclair* mit 250 W, 12 V-Elektromotor, Leergewicht 45 kg, Zuladung 115 kg, Gepäckraum 40 l. Der Mini im Hintergrund.

Das zweisitzige *Twike* ist da schon leistungsfähiger, Bild 35. Das *Twike* war ursprünglich als Liegerad gedacht. Es erreicht Batterie getrieben mit dem 3 KW Elektromotor eine Geschwindigkeit von 85 km/h, bei einer Reichweite bis 90 km. Allerdings wiegt es durch die Ni-Cd Batterie 220 kg. Die beiden Passagiere neben einander können sich durch Mittreten während der Fahrt ertüchtigen. Ohne Motor, nur mit Muskelkraft, kann das *Twike* mit seinen 220 kg Leergewicht natürlich kaum bewegt werden. Das überfordert die Kräfte eines Menschen bereits an einer kleinen Steigung. Man erzählt, das Mittreten hätte die Zulassung im Straßenverkehr erleichtert.

Bild 35 *Twike-Elektromobil*, Twike-Werbung.
Akku 2 -3,3 KWh, Verbrauch 6 KWh /100km,
Motor 3 KW, Reichweite 90 km, Leergewicht 220 kg,
Maße L x B x H = 2,65 x 1,2 x 1,2 m,
Geschwindigkeit 85 km/h.

Nachdem sich Swatch und Daimler-Benz vor Jahren nicht auf ein Elektromobil einigen konnten, entstanden Fahrzeuge der City-Mobil und Cree AG. Die Schweiz wollte endlich ein zweisitziges Elektrofahrzeug am Markt durchsetzen, Bild 36. Dieses Elektromobil wiegt ca. 450 Kg. Inzwischen wurde es mehr mit 600 $cm^3$ Viertaktmotor und automatischem Getriebe angeboten. So wiegt es nur 250 kg. Das Fahrzeug soll in Neigetechnik, ähnlich dem *Carver One*, eine Spitzengeschwindigkeit von 160 km /h erreichen und voll Autobahn tauglich sein. Die Kunststoffkarosserie wird rationell in einem doppelwandigen Schleuderverfahren aus 4 Teilen hergestellt. Es ist sehr wendig und hat nur eine Länge von 225 cm. Das SAM von Cree hat die beiden Räder vorne.

Bei den vielen Vorteile dieser Elektrofahrzeuge gibt es 5 gravierende Nachteile:
> Die Reichweite ist begrenzt.
> Die Aufladezeit beträgt viele Stunden.

Bild 36  Schweizer Alternative zum *Smart*

Aufladestationen unterwegs sind nicht vorhanden,
so dass nur begrenzte Fahrten von zu Hause aus möglich sind.
Irgendwann muss man abgeschleppt werden.

Das Fahrzeug wird durch die Batterie schwer.
Die Lebensdauer der Batterie ist begrenzt ( Tiefentladung ),

Preisgünstige Bleibatterien halten ca. 1 Jahr,
teure Hochleistungsbatterien ca. 5 Jahre.
Die Stückzahlen dieser Fahrzeuge blieb meist so klein,
dass eine rationelle, industrielle Fertigung kaum möglich ist.
Handwerklich hergestellt sind diese Fahrzeuge teuer.

Das ist wohl der Grund, dass sich diese Fahrzeuge trotz ihrer Vorteile und großer Vermarktungs-Anstrengungen wenig am Markt durchsetzen können.

4.2     Elektroantrieb mit Ladung der Batterie mit Fotovolatic-Zellen.
Was liegt näher als die Batterie während der Fahrt kostenlos aufzuladen, Bild 37. Im Outback Australiens, wo fast immer die Sonne scheint, wurden solche Fahrzeuge erprobt. Damit die Oberfläche der Fotovoltaic-Zellen groß und der

Strömungswiderstand klein ist wurden die Fahrzeuge flach wie eine Flunder gestaltet. Der Fahrer liegt meist im Fahrzeug, um eine geringe Stirnfläche zu erreichen. Bereits 1912 entwickelte Eric Lidow auf der Basis des *Baker* ein Solar betriebenes Auto, Elektronik Praxis Nr. 1 /2007.

Bild 37 *Solarauto* in der Sonne Australiens, DaimlerChrysler Archiv

Die Fotovoltaic-Zellen ernten pro Quatratmeter Fläche ca. 120 Watt aus dem Sonnenlicht. Das ergibt bei einer Oberfläche von ca. 6 m$^2$ eine Leistung bis 720 Watt. Die Fotovoltaic-Zellen setzen das Sonnenlicht weit besser in Energie um als jede Pflanze, wie Rudolph Bölkow in seinen Vorträgen zeigte. Es ist erstaunlich, dass mit dieser geringen Leistung 3 000 km quer durch Australien in Rekordzeit zurückgelegt wurden. In Ländern mit geringer Sonnenscheindauer und Abschattungen durch Gebäude ist ein solches Fahrzeug ungeeignet. Allenfalls könnten die Fotovoltaic-Zellen zum Aufladen der Batterie während des Stillstands des Fahrzeugs genutzt werden. Das geschieht jedoch besser wenn die Fotovoltaic-Zellen auf einem Hausdach installiert sind.


4.3     Elektroantrieb mit Brennstoffzelle.
Die Brennstoffzelle ist seit Jahren in aller Munde. Sie verfügt über genügend Energie um auch größere Fahrzeuge anzutreiben. Forschungsfahrzeuge verschiedener Firmen, Apollo-Raumflug, haben das unter Beweis gestellt. Selbst U-Boote werden von Brennstoffzellen angetrieben. Allerdings sind mir wenig

Details der verwendeten Brennstoffzellen bekannt. Die Brennstoffzelle soll einen Wirkungsgrad von 90 % haben, zumindest wenn neben dem erzeugten Strom auch die dabei entstehende Wärme zum Heizen genutzt wird. Diese Angaben erfordern eine gewisse Vorsicht. Die erste Brennstoffzelle arbeitete nur mit Wasserstoff. Sie verbindet atomare Wasserstoffatome H mit Sauerstoffatome O zu Wasser $H_2O$, Bild 38. Diese Wasserstoff-Brennstoffzelle hat keinerlei Abgase, nur Wasser als Ausscheidungsprodukt. Inzwischen sind auch Brennstoffzellen bekannt, welche mit Methan, Methanol ohne einen zusätzlichen Umformer zur Erzeugung von Wasserstoff arbeiten. Sie arbeiten meist mit höherer Temperatur und einer speziellen Membrane, einer Ionen durchlässigen Scheidewand. Die anfänglich angegebenen Wirkungsgrade sind zu hinterfragen. Eine der führenden Firmen, die Fa. Ballard, bietet die Wasserstoff betriebene Brennstoffzelle *Nexa Power Modul* mit 1,2 KW Leistung für ca. 5 000 Euro an. Ihr Wirkungsgrad wird mit nur noch 47 % angegeben. Mit einem Reformer zur Umwandlung von flüssigem Kraftstoff in Wasserstoff z.B. verschlechtert sich der Wirkungsgrad weiter.

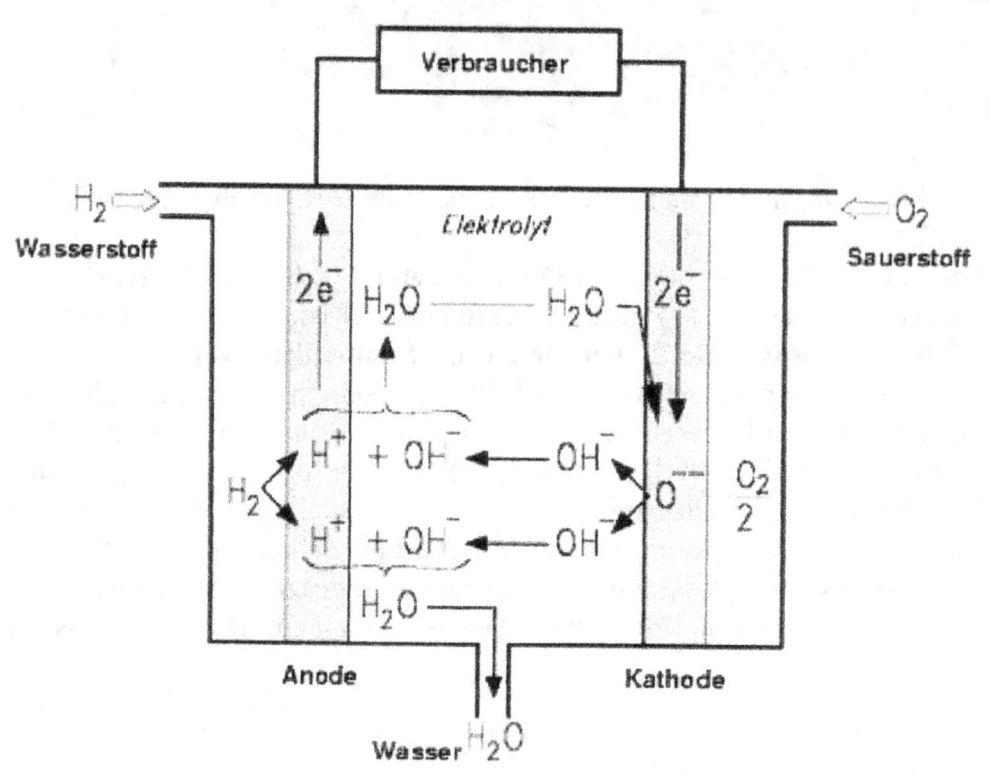

**Bild 38 Die Brennstoffzelle erzeugt Strom aus Wasserstoff und Luft**

Ein mit Brennstoffzelle betriebenes Fahrzeug treibt mit Elektromotoren an. Elektromotoren haben je nach Leistung einen Wirkungsgrad von 70 - 85 %, ein hohes Drehmoment und eine geringe Geräuschentwicklung. Darüber hinaus lassen sie sich exzellent regeln. Die *Nexa*-Brennstoffzelle ist durch ihren hohen Innenwiderstand nur bedingt geeignet, einen Elektromotor direkt anzutreiben. Eine Batterie mit entsprechender Kapazität sollte zwischen geschaltet werden, um kurzzeitig stark beschleunigen zu können. Auch lässt sich die Stromentwicklung der Brennstoffzelle nicht so schnell ändern. Die Geräuschentwicklung ist wider Erwarten erstaunlich hoch. Es gibt heute 6 Typen von Brennstoffzellen. Sie unterscheiden sich im verwendeten Elektrolyt, der Membran und der Betriebstemperatur. Die Arbeitstemperaturen variieren von Umgebungstemperatur bis 900 ° Celsius. Manche erfordern eine gewisse Anfahrzeit beim Start. Bei anderen gefriert der Elektrolyt der Brennstoffzelle leicht bei Temperaturen unter Null. Brennstoffzellen werden wohl erst in 10 Jahren in größerer Zahl zum Einsatz kommen.

## 4.4  Wasserstoff betriebener Verbrennungsmotor

Niemand weiß heute wie preisgünstig Brennstoffzellen künftig werden. Die Fa. BMW entwickelt deshalb seit Jahren Verbrennungsmotoren, welche direkt mit Wasserstoff betrieben werden. Diese Motoren schalten automatisch auf Benzin um, wenn der Wasserstofftank leer ist. Sie besitzen einen 3 Wege-KAT zur Optimierung der Verbrennung. Bei Wasserstoff-Betrieb wird nur Wasser als Abgas ausgeschieden. NOx-Abgas wird durch einen fetten Betrieb bei Volllast vermieden. In Teillast bildet sich kein NOx, weil die Verbrennungstemperatur zu niedrig ist. Allerdings sind die Wasserstofftanks bisher nicht dicht. Der Wasserstoff soll innerhalb weniger Wochen fast vollständig durch die Tankwand diffundieren. In Kalifornien, Tokio und Island sind einige Tankstellen vorhanden. Beim H7 BMW wird der halbe Kofferraum, ein Teil des Rücksitz für den druckfesten Wasserstofftank, 350 bar, und den weiterhin notwendigen Benzintank benötigt, Auto Motor Sport 11 /2007. Die Reichweite mit Wasserstoff ist auf 200 km begrenzt. Das Tanken ist ziemlich mühsam. Die flüssige Betankung läuft in mehreren Schritten ab und dauert 7 Minuten. Das Tanken des leeren, warmen Wasserstofftanks ist nur besonders geschultem Fachpersonal erlaubt. Ist das der Versuch, der kommenden Katastrophe nicht ins Auge zu sehen ? Unbeirrt an der Weiter-so-Philosophie festzuhalten ? Das Hoffen auf ein Wunder ?

## 4.5  Umweltfreundliche Gewinnung des Wasserstoffs

Wasserstoff ist genug vorhanden, nur reinen Wasserstoff gibt es nicht. Er muss erst hergestellt werden. Um Wasserstoff aus Wasser $H_2O$ zu gewinnen, muss mehr Energie aufgewendet werden als man im Wasserstoff gewinnt. Mit Solarenergie wäre das $CO_2$ neutral möglich. Verflüssigt könnte er unter hohen Druck (bis 700 bar) tiefen Temperaturen ( -253 °) gelagert und transportiert werden. Ein irrer Aufwand und zudem äußerst gefährlich. Der Wasserstoffbetrieb von Fahrzeugen ist in manchen Ländern verboten. Wasserstoffautos dürfen in geschlossenen Räumen, Garagen, nicht abgestellt werden. Ist das praktikabel ? Auch wenn die Sonnenenergie, wie Dr. Franz Alt sagt, nichts kostet, diese riesigen Investitionen müssen amortisiert und gewartet werden.

Am einfachsten wird Wasserstoff aus Erdgas oder Biogas gewonnen. Das geht wiederum nicht ohne Energie, $CO_2$. Wasserstoff aus Erdgas oder Biomasse ist deutlich billiger als aus Sonnenenergie. Da wäre es wohl besser gleich Erdgas als Kraftstoff zu verwenden. Diese Infrastruktur ist teilweise bereits vorhanden. Wasserstoff hält die unvernünftigen Träume weiterhin am Leben.

## 4.6  Fazit

Bei allem Optimismus ist der Verbrennungsmotor nicht wegzudenken. Es ist völlig offen ob die Brennstoffzelle, jemals und wann, den Verbrennungsmotor ablösen kann. Für das 1 Liter-Auto kommt derzeit nur der Verbrennungsmotor als Antrieb in Frage. Der Elektroantrieb mit Batterie und Aufladung aus der Steckdose bleibt für scharfe Rechner bei kurzen Distanzen eine brauchbare Alternative, insbesondere wenn die Li-Ion-Akkus billiger werden.

## 5.  So wird Kraftstoff gespart

Das fossile Erdöl, das Erdgas, diese Schätze unserer Erde sind in hunderten Millionen Jahren entstanden. Doch wir vergeuden sie in wenigen Generationen. Die Abgase $CO_2$, $NO_x$, CO erwärmen unsere Erde und vergrößern die öden Wüstengebiete. Sie zerstören die schützende Ozonschicht, wodurch in Australien bereits Schafe erblinden, Fische im Meer an Hautkrebs erkranken. Diese fossilen Energien besser und langfristiger zu nutzen, ist zum Wohle aller. Mit den Autos kann nur dann in erheblichem Maße Kraftstoff gespart werden, wenn einige Parameter grundsätzlich verändert werden.

### Luftwiderstand

Das 1 Liter-Auto muss einen kleinen Luftwiderstand und eine geringe Frontfläche haben. Die Oberfläche der Karosserie darf keinerlei Kanten, Sprünge aufweisen. Die umgebende Luft muss an der Karosserie ohne nennenswerten Widerstand entlang gleiten. Jede Umlenkung der Luftrichtung erzeugt einen zusätzlichen Widerstand. Die Form allein bestimmt den Cw-Wert. Dieser Cw-Wert wird im Rechner näherungsweise bestimmt und im Windkanal optimiert. Diese Optimierung dauert umso länger je kleiner der Cw-Wert sein soll. Ein Auto mit 2 Sitzplätzen nebeneinander hat die doppelte Frontfläche A. Die zwei Sitzplätze eines 1 Liter-Autos können nur hintereinander angeordnet sein. So wird der Luftwiderstand A . Cw halbiert.

### Gewicht

Das Gewicht eines Autos bestimmt den Kraftstoff-Verbrauch außerordentlich stark. 100 kg Gewicht benötigen 0,3 - 0,5 Liter Kraftstoff pro 100 km. Ein üblicher Kleinwagen wiegt um 1 200 Kg. Würde das Gewicht des 1 Liter-Autos auf den sagenhaften Wert von 100 kg gebracht, so erniedrigt sich der Kraftstoff-Verbrauch um bis zu 5,5 Liter pro 100 km. Dieses Ergebnis erhält man allein durch diese Maßnahme. Die Reduktion des Gewichtes des 1 Liter-Autos hat daher oberste Priorität. Nicht umsonst sagte Colin Chapman von Lotus Cars:,,All you need to add is lightness". Eine Ameise trägt das 20 fache ihres Lebendgewichts. Bei dem vorhandenen Know-how müssten die Autos viel leichter sein. Stahlblech ist für die Karosserie eines Autos nicht länger ein geeigneter Werkstoff. Vielmehr müssen Materialien mit viel geringerem spezifischen Gewicht eingesetzt werden, wie später zu sehen ist.

## 5.1 Automatischer Start-Stopp-Betrieb des Motors

Im Leerlauf, im Schiebebetrieb und bei geringer Belastung des Motors benötigt ein Fahrzeug Kraftstoff, welcher nicht oder nur unwirtschaftlich genutzt wird. Um den Leerlauf, den Schiebebetrieb, die geringe Belastung des Motors zu vermeiden, wird beim Bremsen oder starkem Gas wegnehmen der Motor ausgeschaltet und ausgekuppelt. Dabei rollt das Fahrzeug weiter oder es steht. Beim erneuten Gas geben wird der Motor wieder gestartet, eingekuppelt, er treibt das Fahrzeug erneut an. Ganz entscheidend ist dabei, dass dieser Vorgang völlig ruckfrei erfolgt und den Fahrer in keiner Weise beeinflusst. Dabei ist es nicht entscheidend ob nur der Verbrennungsmotor alleine oder ein zweiter, hybrider Antrieb aktiv ist.

## 5.2 Speicherung der Bremsenergie

Bei üblichen Fahrzeugen wird beim Bremsen Energie durch Hitzeentwicklung frei. Daher müssen die Bremsscheiben und die Bremsbeläge durch einen kräftigen Luftstrom gekühlt werden. Temperaturen von 600 ° Celcius sind keine Seltenheit. Diese wertvolle Energie geht verloren. Beim Hybridantrieb wird diese Energie in einem Energiespeicher gespeichert. Sie wird später zum

Fahren wiederverwendet. Beim Start-Stopp-Betrieb in der Stadt wird so eine Kraftstoff-Einsparung von bis zu 25 % erreicht. Diese Energiespeicherung wird meist elektrisch vorgenommen. Zur Speicherung der Energie werden Batterien oder Kondensatoren eingesetzt. Kondensatoren können mit hohen Strömen ge- und ent-laden werden. Eine Speicherung über längere Zeit ist nicht unbedingt erforderlich, die Bremsenergie wird ja meist beim nächsten Anfahren wieder verwendet.

### 5.3 Automatischer Puls-Pausen-Betrieb

Viele Zugvögel nutzen den Kraft sparenden Puls-Betrieb. Sie schwingen ihre Flügel kräftig für eine kurze Zeit ( Puls ) und segeln solange als möglich ( Pause ). Ihr Motor arbeitet bei dieser Belastung mit hohem Wirkungsgrad, dem eine regelmäßige Erholungsphase folgt. Danach schwingen sie ihre Flügel erneut, miteinander synchronisiert. Diese Methode nutzen auch die Hybridantriebe, um Kraftstoff zu sparen. Der Kraftstoff-Verbrauch eines Verbrennungsmotors in Gramm Kraftstoff pro Kilowattstunde g /KWh ist Drehzahl- und Belastungs-abhängig, Bild 39.

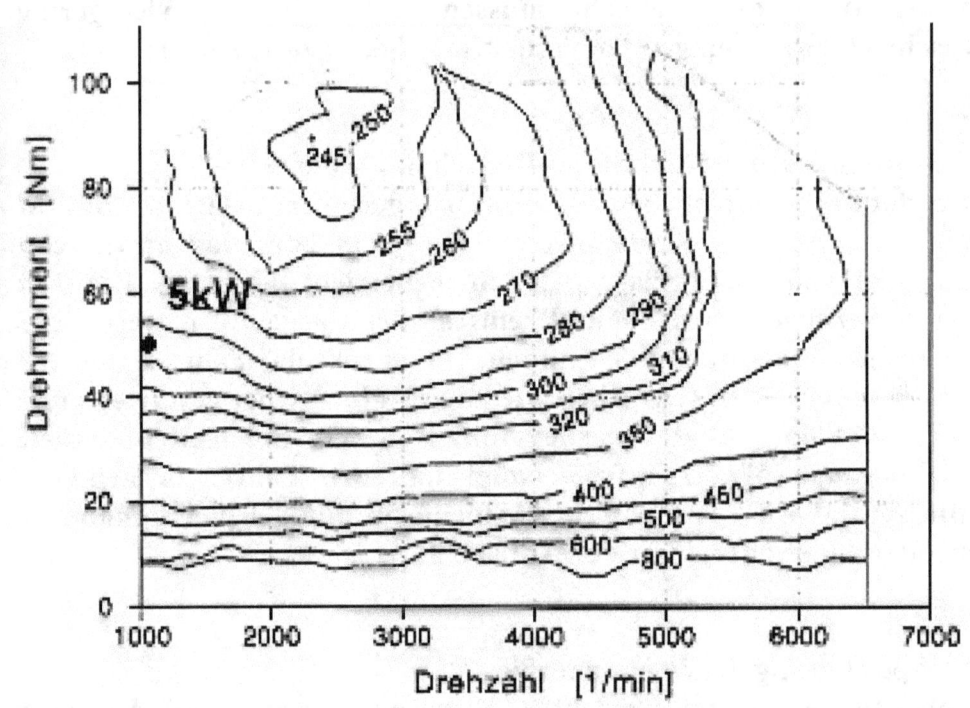

Bild 39 Kraftstoffverbrauch in g /KWh eine Ottomotors

Nur in einem kleinen Bereich arbeitet der Ottomotor mit höchstem Wirkungsgrad Wmax. Im Bild 39 mit 245 g /KWh bei 90 Nm, 2 500 U /min. Das ist der optimale Betriebspunkt dieses Motors. Bei Vollast steigt hier der Verbrauch auf 350 g /KWh. Bei Teillast steigt der Verbrauch bis auf 800 g /KWh an. Im Leerlauf ist der Wirkungsgrad sogar null, weil keine mechanische Energie entnommen wird. Der gemittelte Wirkungsgrad Wmittel des Verbrennungsmotors beim Fahren ist unbefriedigend. Prof. C. Schwarz gibt am 19. 6. 2007 folgende Wirkungsgrade in % der 4 Ventil 6 Zylinder BMW-Motoren bei 2 000 U /min, 2 bar effektiver Mitteldruck an.

| BMW 6 Zylinder Motoren | | | Magermotor 2012 |
|---|---|---|---|
| %, Drosselung 22 %, | Drosselklappe 25 %, | Valvetronik | 30 %, keine, |
| Lamda, Steuerung | 1, keine | 1, Ventilsteuerung | >1; 3 Injektionen |

Um Kraftstoff zu sparen, betreibt man den Verbrennungsmotor möglichst nur im Bereich seines höchsten Wirkungsgrads Wmax. Der sollte am besten bei Volllast erreicht werden, um einen kleineren Motor ( downsizing ) verwenden zu können. In dieser Zeit treibt er das Fahrzeug an und speichert die nicht zum Antrieb notwendige, verbleibende Energie in einem Energiespeicher ( Puls = T1 ). Ist der Energiespeicher voll, so übernimmt ein zweiter Motor mit besserem Wirkungsgrad den Antrieb und entleert dabei wieder den Energiespeicher ( Pause = T2 ). In dieser Zeit T2 wird kein Kraftstoff verbrannt. So folgen je nach Belastung Puls, Pause, Puls, ... schnell oder langsam nacheinander. Dabei ist wichtig, dass die Wirkungsgrade des Antriebs Wantrieb, der Energiespeicherung Wspeicher sowie der Entleerung Wleerung ebenfalls hoch sind.

Der Verbrauch des Verbrennungsmotors ist

$$\sim ( T1 + T2 ) / W_{mittel} \qquad (1)$$

Der Verbrauch des Pulsantriebs $\sim T1 / W_{max}$ (2)

Der Hybridantrieb spart Kraftstoff solange wie

$$W_{max} ( 1 + T2 / T1 ) > W_{mittel} \qquad (3)$$

Der Hybridmotor wird immer wichtiger, weil die Zulassung von Autos in Kalifornien USA, China und weiteren Ländern nur mit niedrigen Abgaswerten zugelassen werden. Den geringen Kraftstoffverbrauch von bis zu 4 000 km pro Liter Kraftstoff erreichen die Fahrzeuge beim SHELL Eco-Marathon nur durch den Puls-Betrieb des Antriebsmotors. Ist das Verhältnis der Dauer von Pause /Puls groß, so ist auch die Kraftstoff-Einsparung beachtlich.

## 5.4 Elektrischer Hybridantrieb

Beim elektrischen Hybridantrieb wird eine Batterie oder ein Kondensator von einem Elektrogenerator geladen. Das geschieht während der Verbrennungsmotor das Fahrzeug antreibt ( Puls ) oder beim Bremsen des Fahrzeugs mit dem Elektrogenerator. Die überschüssige Energie des Verbrennungsmotors kann bei der Fahrt so groß sein, dass sie in der Batterie nicht völlig gespeichert werden kann. Der Verbrennungsmotor muss daher gedrosselt werden, obwohl das seinen Wirkungsgrad schmälern kann, wie das Diagramm von Bild 39 deutlich zeigt. Ist die Batterie voll, so treibt meist ein Elektromotor das Fahrzeug. Im Idealfall treibt er solange alleine an, bis die Batterie wieder genug entleert ist ( Pause ). Dabei wird eine Tiefentladung vermieden.

### 5.4.1 Marktführer TOYOTA

Beim *PRIUS* von TOYOTA, dem ersten serienmäßigen Hybridfahrzeug, erfolgt die Kopplung von Verbrennungsmotor, Elektrogenerator und Elektromotor ohne eine Kupplung, nur mit einem Planetengetriebe. Es überraschte sehr, wie ruckfrei dabei der Verbrennungsmotor und der Elektromotor zusammen arbeiten, Bild 40. Wie das Drehmoment des Elektromotors und das des Verbrennungsmotors angenehm zusammen wirken. Beim *PRIUS II* kann man am Display beobachten, wie sich bergauf die Batterie bei rein elektrischem Antrieb entleert und bergab durch Bremsen wieder füllt. Das rein elektrische Fahren ist nur bis zu einer Geschwindigkeit von 45 km /h möglich. Die Batterie ist bergauf nach ca. 100 Höhenmetern leer bzw. bergab voll. Die Ausnutzung eines hügeligen Geländes ist mit diesem Hybridantrieb daher nicht vorgesehen. Aber der ADAC-Dauertest über 90 000 km beweist die Überlegenheit des Hybridantriebs. In der Stadt verbraucht der *PRIUS II* bei sparsamsten Betrieb nur 4 Liter pro 100 km, 40 % weniger als ein vergleichbarer Diesel ( 6,6 Liter ) und 56 % weniger als ein entsprechender Benziner ( 8,9 Liter ). Das ist eine gewaltige Einsparung.
Der größere *SUV RX 400h* von LEXUS hat neben dem 3,3 Liter 6 Zylinder-Verbrennungsmotor drei Elektromotoren, zwei für den Frontantrieb mit üppigen 123 KW und zusätzlich einen für den Heckantrieb mit nochmal 50 KW. Die Kraft des Allradantriebs wird nicht über Kardanwellen mechanisch verteilt, sondern an Ort und Stelle elektrisch erzeugt, Bild 41. Die Regelung erfolgt elektronisch. Elektronische Differentialsperren, Elektronische-Stabilitäts-Kontrollen ESP mit Bremseingriff z.B. werden verschwinden, weil sie den Motor ausbremsen. Es werden vermehrt Diffentialsperren, ESP entstehen, welche die Räder einer Achse in der Kurve unterschiedlich antreiben, auch Fahrdynamik-Regelung genannt. Der elektrische Antrieb eröffnet ungeahnte Möglichkeiten, weil er so einfach regelbar ist.

**Bild 40** *PRIUS*-Motor mit Getriebe und Elektromotor, Bild TOYOTA

**Bild 41** *LEXUS SUV RX 400 h* mit 3,6 l Ottomotor und den 3 Elektromotoren 123 KW vorne und 50 KW hinten, Bild TOYOTA.

Wie einfach der Benzinmotor mit den zwei Elektro-Generator-Motoren MG1, MG2 gekoppelt ist zeigt Bild 42. Der Frontantrieb ist recht einfach und mit dem *PRIUS II* nahezu identisch. Dabei ist keine Kupplung erforderlich. Im *RX 400 h* dreht nur der Elektro-Generator-Motor MG2 mit höherer Drehzahl als beim *PRIUS II*. Mit dem linken Planetengetriebe wird die Drehzahl von MG2 reduziert, wodurch ein höheres Drehmoment entsteht. Die Übersetzung des rechten Planetengetriebes wird stufenlos mit der Drehzahl von MG1 mittels Sonnenrad und der Drehzahl von MG2 mittels Hohlrad gesteuert. Dieses Planetengetriebe ist das Automatik-Getriebe des *RX 400 h*. Der Aufbau ist unkompliziert und leicht. Die Steuerung dieses Getriebes erfolgt elektronisch. Die gekonnte, sanfte Steuerung der Elektro-Generator-Motoren vorne und zusätzlich einer hinten, bei Ströme bis zu 123 KW ist nicht von Pappe. Sie ist nur möglich, weil sowohl MG1 als auch MG2 und der Verbrennungsmotor je nach Fahrstufe N, D, B und R jede mögliche Funktion ausüben, als Motor, Generator arbeiten oder nur mitlaufen. Diese ruckfreie, elektronische Steuerung der Übersetzung ist gekonnt. Eine Herausforderung für alle Nachahmer. 21 internationale Fachzeitschriften vergaben den PAUL-PIETSCH-PREIS 2007 zum dritten Mal an die Hybrid-Technologie von TOYOTA. Der Chefingenieur Takeshi Yoshida von LEXUS machte diese Kraftstoff sparende Hybrid-Technologie möglich.

Die Elektromotoren MG1, MG2 mit 123 KW vorne und 50 KW hinten werden aus der Nickel-Metallhybrid-Batterie mit 288 V gespeist. Diese Batterie soll ca. 40 Wh pro Kilogramm Gewicht speichern. Die Garantie dieser Batterie beträgt 8 Jahre, weil der Memoryeffekt vermieden wird. Dies wird erreicht, indem der maximale Ladehub nur 10 % beträgt. 90 % des Batteriegewichts sind beim PRIUS noch Ballast. Für die Steuerung des 123 KW Drehstrom-Synchronmotors wird die Antriebsspannung auf 650 V hoch transformiert. So wird seine erforderliche, maximale Stromstärke

$$I_m = 123\,000 \text{ W} / 1{,}73 \cdot 650 \text{ V} = 109 \text{ A}$$

der Leistungsteuerung reduziert. Beim entsprechenden, kräftigen Bremsen könnten die Elektrogeneratoren vorne und hinten die Batterie mit bis zu

$$I_b = 109 \text{ A} \cdot \{(123 + 50) \text{ KW} / 123 \text{ KW}\} \cdot 650 \text{ V} / 288 \text{ V} = 350 \text{ A}$$

laden. Es ist erstaunlich, wie das die Batterie verkraftet. Auch diese Ströme müssen beim Bremsen sauber dosierbar sein. Der *RX 400h* beschleunigt von 0 auf 100 km/h in 7,6 sec. Ein ähnlicher Wert könnte beim Bremsen mit den Elektrogeneratoren erzielt werden. Die errechnete Bremsverzögerung beträgt

$$b = v \text{ (m/sec)} / t \text{ (sec)} = 100\,000 \text{ m/h} / 3\,600 / 7{,}6 \text{ sec} = 3{,}6 \text{ m/sec}^2 \sim 0{,}36 \text{ g}$$

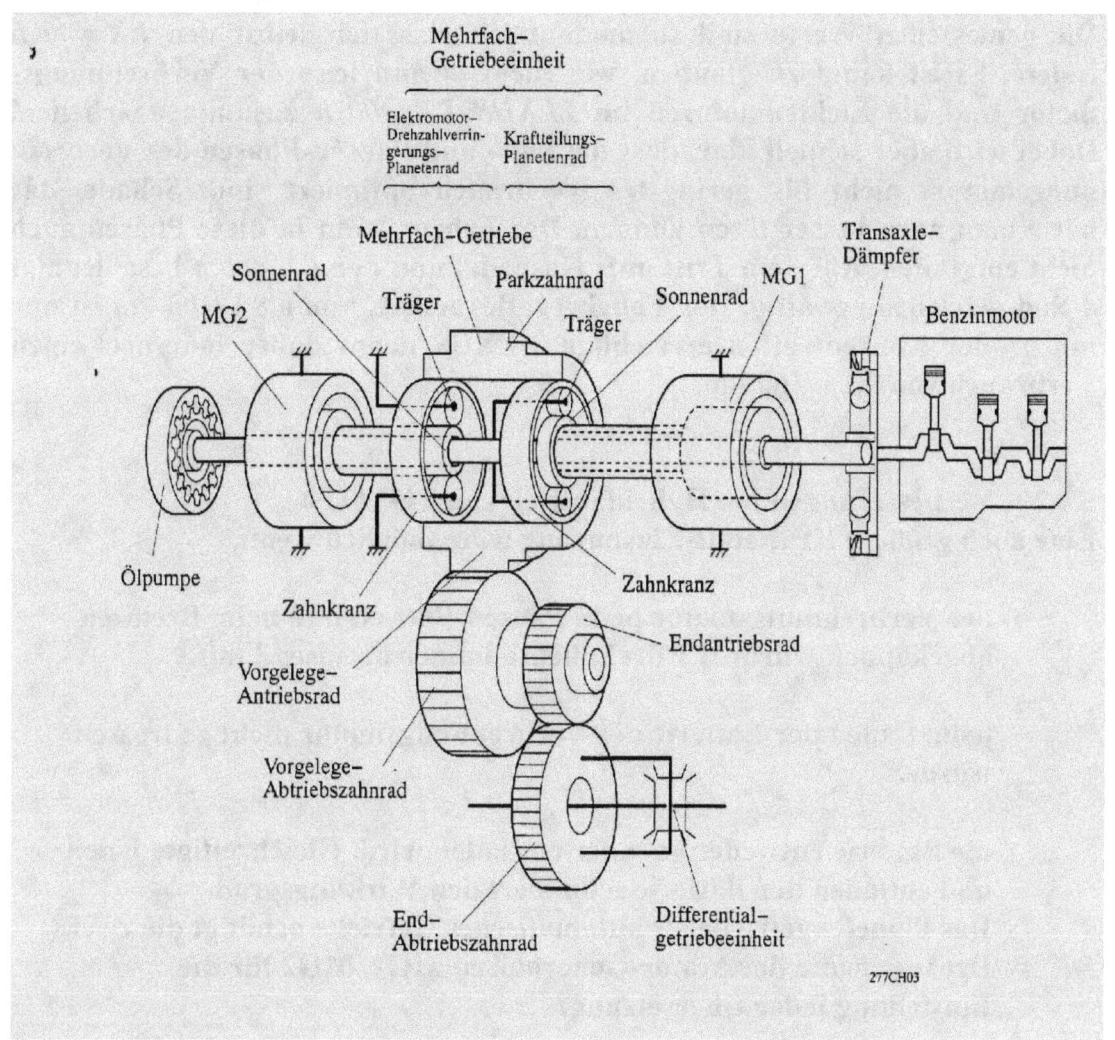

Bild 42  Hybridantrieb der Vorderräder des *LEXUS RX 400 h*,
        Werkstattbuch TOYOTA.

Die Elektrogeneratoren müssten zum üblichen Bremsen meist ausreichen. Bei einer Vollbremsung wirken zusätzlich die hydraulischen Bremsen der 4 Räder mit bis zu ca. 1 g. Gerne hätte ich diesen Hybridantrieb gemessen .

Wie sparsam der *LEXUS RX 400 h* sein kann, zeigt Auto Motor Sport
26 /2005 in dem Vergleich der sportlichen Allzweckfahrzeuge, SUVs.

|  | Stadtverbrauch, | Testverbrauch, | Leergew. | Kosten Euro |
|---|---|---|---|---|
| LEXUS RX 400 h | 6,8 l /100 km | 11,1 l /100 km | 2 032 kg | 58 900 |
| Mercedes ML 500 | 16,2 l /100 km | 16,1 l /100 km | 2 238 kg | 63 220 |
| VW Touareg V10 TDI | 13,8 l /100km | 15,1 l /100 km | 2 704 kg | 73 450 |

Die gemessenen Werte sind so unglaublich, dass ich selbst den *RX 400 h* testete. Es ist kaum zu glauben, wie ruckfrei und leise der Verbrennungsmotor und die Elektromotoren im *LEXUS RX 400 h* zusammen arbeiten. Dabei wird aber schnell klar, dass die Puls- und Pausen-Phasen des Verbrennungsmotors nicht für geringsten Verbrauch optimiert sind. Schade, das hätte man noch besser lösen können. Der Fahrer kann in diese Phasen auch nicht eingreifen. Aber ein Tritt aufs Gaspedal und der *RX 400 h* beschleunigt 4 Rad getrieben gewaltig. Der Fabelwert des ADAC von 6,8 l /100 km ist nur mit großer Konzentration erreichbar. LEXUS nennt daher innerorts einen Verbrauch von 9,1 l /100 km.


### 5.4.2 Verbesserungen am Hybridantrieb von TOYOTA
Eine noch größere Kraftstoff-Einsparung wäre möglich wenn,

> der Verbrennungsmotor beim Pausen-Betrieb und beim Bremsen abgekoppelt würde. Er dreht heute immer bremsend mit.

> beim Laden der Batterie der Verbrennungsmotor nicht gedrosselt würde.

> die Batterie entweder ge- oder ent-laden wird. Gleichzeitiges laden und entladen der Batterie schmälert den Wirkungsgrad.
> Das Planetengetriebe als automatisches Getriebe benötigt die zwei Drehmomente der Motor-Generatoren MG1, MG2 für die Einstellung jeder Übersetzung.

> der Puls-Pausen-Betrieb des Verbrennungsmotors auch bei schneller Fahrt wirken würde. Die Elektromotoren MG1 und MG2 können bei schneller Fahrt nicht allein antreiben. Hierzu ist ein völlig anderes Getriebe erforderlich.

Die Hybridfahrzeuge von TOYOTA demonstrieren technische Überlegenheit. Auch weil es TOYOTA gelang, mit einer einzigen Planetengetriebe-Familie und einer elektronischen Motorsteuerung eine ganze Fahrzeugfamilie *PRIUS*, *RX 400h* u.a zu kreieren. Mit Li-Ionen-Batterien hofft man bis 2012 die Leistungsdichte auf 80Wh /kg und den Ladehub auf 80 % erhöhen zu können. Dabei muss wohl die Temperatur und der Ladezustand jeder einzelnen Zelle überwacht werden, ein immenser Aufwand, Auto Motor Sport 2 /2008.
Kommt langfristig nun in jedem Auto der Hybridantrieb ? Wenn es der Gesetzgeber vorschreibt bestimmt. Prof. Fritz Indra, ein bekannter Motorentwickler, schreibt in der ADAC-Motorwelt 11 /2005 zwar :„ Hybridantriebe

sind eine Vergewaltigung der Physik ". Er meint, „Wenn man die gesamten entstehenden Kosten für den elektrischen Hybridantrieb von TOYOTA in geeignete Technologien des Motors, wie Direkteinspritzung, Zylinderabschaltung, Kanalabschaltung, reduzierte Reibleistung, modernste Aufladetechnik, lang übersetzte Getriebe steckt, dann ist dieser Motor genau so sparsam". Nur warum wurden nicht längst solche verbrauchsgünstigen Motoren gebaut? Entwicklungen in diese Richtung gab es doch. Wurden denn die dabei entstehenden Probleme bewältigt ? Im Übrigen würde mit einem so optimierten Verbrennungsmotor ein Hybridantrieb noch sparsamer.

Jetzt wollen wir uns den elektrischen Hybridantrieb etwas genauer ansehen. Setzt man den Wirkungsgrad von Generator und Batterie für die Ladung sowie von Motor und Batterie für die Entladung mit je ca. 85 % an, so muss nach (3)

$$W_{max} \cdot 0{,}85 \cdot 0{,}85 = 0{,}72 \cdot W_{max} > W_{mittel} \text{ sein.} \tag{4}$$

85 % erscheinen mir viel, wenn man bedenkt, dass das Planetengetriebe zur Steuerung der Übersetzung bei TOYOTA, z.B. gleichzeitig den Elektromotor MG2 zum Antrieb und den Elektrogenerator MG 1 zum Laden der Batterie verwendet. Die wirksamen Drehmomente am Planetengetriebe müssen sich ja bei jeder Übersetzung und Geschwindigkeit die Waage halten.


## 5.5 Schwungrad als Speicher und Hybridantrieb

Beim mechanischen Schwungradantrieb erhöht die verbleibende Energie des Verbrennungsmotors die Drehzahl des Schwungrads ( Puls ). Sie kann dem Schwungrad in vollem Umfang zugeführt werden. Eine Drosselung des Motors ist nicht erforderlich. Wird die maximale Drehzahl des Schwungrads erreicht, so wird der Verbrennungsmotor gestoppt und die gespeicherte Energie des Schwungrads zum Antrieb des Fahrzeugs genutzt ( Pause ). Dabei ist das Schwungrad Energiespeicher und Motor zugleich. Das Schwungrad kann das Fahrzeug mit fast unbegrenzter Energie bis zur Höchstgeschwindigkeit antreiben. Eine Begrenzung gibt es hier nicht. Der Schwungradantrieb ist eine einfache und wirkungsvolle Ergänzung des Verbrennungsmotors. Die beiden variablen, kugelgelagerten Planetengetriebe werden 3 mal in Reihe durchlaufen, siehe Kap. 8 und 10. Ihre Realisierung erfordert noch Kopfzerbrechen, aber eine komplizierte, elektrische Leistungsteuerung wird vermieden. Die Planetengetriebe haben einen Wirkungsgrad von 98 % und benötigen zur Steuerung der Übersetzung ca. 1 % der Leistung. Das Schwungrad verliert in 2 Stunden 50 % seiner Energie durch Selbstentladung. Bei einer mittleren Zykluszeit von 10 min zwischen Ladung und erneuter Ladung ergibt sich ein Verlust von ca. 4 %.

$$W_{max} \cdot 0{,}97^3 \cdot 0{,}96 = 0{,}87 \cdot W_{max} > W_{mittel} \qquad (5)$$

Der einfache Schwungradantrieb besitzt einen sehr hohen Wirkungsgrad.


5.6     Verbrennungsmotor mit Dampfturbine und Hybridantrieb
BMW hat einen 1 800 cm$^3$ Vierzylinder-Motor mit einer zusätzlichen zweistufigen Dampfturbine ausgerüstet, Auto Motor Sport 26 /2005. Die 66 % Abwärme des Verbrennungsmotors, die das Kühlsystem und der Auspuff abführt, wird in der Dampfturbine genutzt. Das heiße Wasser des Kühlsystems wird in den zwei Wärmetauschern im Auspuff in Heißdampf umgewandelt. Die Dampfturbine, mit diesem Dampf beaufschlagt, erhöht die Leistung und verbessert den Wirkungsgrad des Verbrennungsmotors. Bei optimaler Auslegung ist der Wirkungsgrad bei Vollast von ca. 33 % auf ca. 48 % steigerbar. Der schlechte Wirkungsgrad bei Teillast wird dabei allerdings nur geringfügig verbessert. Zur Verbesserung des Wirkungsgrads bei Teillast kann ein zusätzlicher Hybridantrieb weiterhin erforderlich sein.

Ob sich die Kombination von

> Verbrennungsmotor mit zusätzlicher Dampfturbine
> und Hybridantrieb für Start-Stopp- und Puls-Pausen-Betrieb

wirklich rechnet, ist fraglich ? Erfahrungsgemäß ist eine Dampfturbine nicht so schnell steuerbar, wie ein Verbrennungsmotor oder ein Elektromotor. Für stationäre Motoren ist das sicher eine erfolgversprechende Lösung. Zur Zeit erhöht diese Dampfturbine das Leergewicht um zusätzliche 100 kg.


5.7     Feder als Hybridantrieb
Beim Bremsen durch den Fahrer wird die Bremsenergie nicht in Hitze umgewandelt sondern in einer Feder als Energiespeicher gespeichert. Diese Energie in der Feder wird beim Starten oder Beschleunigen des Fahrzeugs wiederverwendet. Metallfedern haben eine zu geringe Speicherfähigkeit, es sind neue Materialien erforderlich. Der Federspeicher eignet sich besonders für den Start-Stopp-Betrieb, weil die gespeicherte Energie begrenzt ist.


5.8     Vergleich von elektrischem und mechanischem Hybridantrieb
Der Vergleich von elektrischen- und Schwungrad-Hybridantrieb zeigt, dass der Schwungrad-Hybridantrieb den Verbrennungsmotor besser nutzt und einen um 15 % besseren Wirkungsgrad hat. Außerdem kann er große Ener-

gien kurzzeitig abgeben. Er ist leicht, leistungsfähig, preisgünstig und kommt mit einer einfacheren Steuerung aus. Die Vorteile des Schwungradantriebs sind überwältigend, weil bei ihm zusätzlich eine Drosselung des Verbrennungsmotors mit schlechtem Wirkungsgrad vermieden werden kann. Das kann den Wirkungsgrad um weitere 10 % verbessern. Die Feder als Hybridantrieb hat einen hohen Wirkungsgrad, kann aber nur eine geringe Energie speichern. Der elektrische Hybridantrieb von TOYOTA schöpft seine Möglichkeiten nicht voll aus. Viele Autohersteller favorisieren nun den teuren, elektrischen Hybridantrieb mit Doppelkupplung und mehrstufigem Getriebe, als die noch bessere Lösung. Bedenken sie dabei die Konsequenzen ? Sie schöpfen weiterhin aus dem Vollen, so als wären die Ressourcen unbegrenzt.

## 5.9 Puls-Betrieb des Verbrennungsmotors

Die Kraftstoff-Einsparung wird nicht durch den Hybridantrieb erreicht, wie viele vermuten, sondern durch den Puls-Betrieb des Verbrennungsmotors. Das folgende Beispiel zeigt, welche Kraftstoff-Einsparung mit einem üblichen Fahrzeug nur durch eine einfache Software-Ergänzung möglich ist :

**Ein 7er BMW mit Achtzylinder 4 Litermotor ( E32 ) benötigt um 13 Liter Benzin pro 100 km, wenn ich nicht auf den Verbrauch achte. Simuliere ich einen sparsamen Tempomat, welcher die eingestellte Geschwindigkeit von 110 – 140 km /h hält und vermeide dabei jedes Beschleunigen, so fällt der Verbrauch auf 8,7 Liter pro 100 km. Dabei darf der momentane Verbrauch nie über 12 Liter pro 100 km beim Gas geben ansteigen. Dieser virtuelle Tempomat betätigt das elektronische Gaspedal nur ganz zart, mal mehr mal weniger. Ein zweiter Tempomat könnte diese teilweise vorhandene Ressource nutzen. Auch er hält die eingestellte Geschwindigkeit bei, nur nicht so starr. Er beschleunigt Kraftstoff sparend bis zur eingestellten Geschwindigkeit, um dann das Gaspedal ganz loszulassen. Dadurch wird die weitere Zufuhr von Kraftstoff gestoppt. Der Motor dreht ohne Verbrennung im 5. Gang weiter. Das Fahrzeug rollt leicht gebremst durch den mitdrehenden Motor. Diese Schubabschaltung, eine bereits vorhandene Ressource des Fahrzeugs, wirkt jetzt. Sie wirkt solange, bis eine untere Geschwindigkeit erreicht ist. Danach beschleunigt dieser Tempomat durch Gas geben das Fahrzeug erneut selbsttätig. Wir erhalten so rhythmische Schubabschaltungen ohne jeglichen Kraftstoffverbrauch. Der Kraftstoff-Verbrauch sinkt auch so auf 8,7 l /100 km, Ergebnis 37 % Einsparung.**

Diese Manipulation mit dem Gaspedal kann jeder Fahrer selbst vornehmen. Sie wirkt beim 7er BMW von 100 - 200 km /h extrem Kraftstoff sparend. Die dabei notwendige Konzentration des Fahrers lenkt aber sehr vom Verkehr ab. Mit diesem zweiten, elektronischen Tempomat würde dies ohne Zutun des Fahrers elektronisch erreicht. Mit einer Schubabschaltung in der Stadt runter bis 20 km /h, wäre mit diesem zweiten Tempomat eine noch größere Kraftstoff-Einsparung möglich, nur fehlt diese Ressource bisher beim BMW. Längst müssten viele Autos mit diesem Kraftstoff sparenden, zweiten Tempomat ausgestattet sein. Die erforderliche Software des zweiten Tempomats kostet keinen Cent. Der pulsierende Betrieb des Motors und der Geschwindigkeit würde anfänglich stören. Mit Blick auf die Kraftstoff-Einsparung versöhnt er schnell. Der augenblicklichen, übertriebenen Hybrid-Euphorie würde bald eine Ernüchterung folgen, wenn heute übliche Fahrzeuge ohne Mehrkosten dieselben Vorteile bieten. Denn nicht der Hybridantrieb spart den Kraftstoff, sondern der verwendete Puls-Betrieb des Verbrennungsmotors allein. Im Gegenteil, der zweite hybride Antrieb führt zu einem zusätzlichen Kraftstoffbedarf, weil sein Wirkungsgrad immer kleiner als 100 % ist, das Leergewicht vergrößert wird und die Beibehaltung einer konstanten Geschwindigkeit im Pausen-Betrieb zusätzliche Energie erfordert.

## 5.10  Fazit

Der Verbrennungsmotor im rhythmisch programmierten Puls-Betrieb arbeitet extrem Kraftstoff sparend, auch wenn kein zweiter, hybrider Antrieb zur Verfügung steht. Schließlich verbraucht nur der Verbrennungsmotor den Kraftstoff. Selbstverständlich muss diese Manipulation elektronisch erfolgen, der Fahrer wäre viel zu sehr abgelenkt. Nach jedem Puls-Betrieb rollt das Fahrzeug einige Zeit mit Schubabschaltung oder besser mit einem Freilauf bei stehendem Verbrennungsmotor. Solange bis die Geschwindigkeit soweit abgefallen ist, dass der Tempomat selbsttätig einen erneuten Puls-Betrieb des Verbrennungsmotor fordert. Lästig für die nachfolgenden Fahrzeuge kann die dauernde Schwankung der Geschwindigkeit sein. Die erzielte Kraftstoff-Einsparung versöhnt jedoch bald. Bei Zugvögeln stört das nicht, weil sie ihren Puls-Betrieb miteinander synchronisieren  - intelligent nicht ? Mit der heute verfügbaren Telematik und der neuen Abstandsregelung könnten die Autos wie Zugvögel miteinander kommunizieren und gemeinsam ihren Pulsbetrieb steuern. Durch diese Vernetzung der Autos würde eine höhere Durchschnitts-Geschwindigkeit möglich, weil an jeder Baustelle, Engstelle, die Geschwindigkeit vergrößert werden kann. Jeder Wasserschlauch mit enger Spritzdüse hat eine höhere Geschwindigkeit an der Spritzdüse. Als ich diese Fahrweise vor 500 Entwicklern an der UNI-Karlsruhe vorschlug erfolgte ein heiteres Gelächter. Einer meinte, hinter Ihnen möchte ich nicht fahren. Diese Haltung intelligenter Menschen hat mich erschreckt. Beginnt Kraftstoff sparen im Kopf ? Muss man den Motor dauernd röhren hören um glücklich zu sein ? Könnte das ein Soundsystem z.B. mit Ferrari-Ton nicht besser ? Fahren wir nicht seit Jahren meistens in einer Kolonne ? Für diesen rhythmischen Puls-Betrieb ist eine geringfügige Anpassung der Motorsoftware erforderlich. Der Vorteil des Hybridantriebs beschränkt sich dann nur noch auf die Wiederverwertung der Bremsenergie beim Start-Stopp-Betrieb und die gleich bleibende Geschwindigkeit im Pausen-Betrieb des Verbrennungsmotors.


6.     Die geräumige, sichere Karosserie

Die Karosserie bestimmt das Erscheinungsbild des 1 Liter-Autos nach außen wie nach innen. Die Attraktivität eines Fahrzeugs wird sehr von der äußeren Form bestimmt. Das Styling und die Bedienung werden für den Kauf immer entscheidender. Dabei ist nicht nur eine stromlinienförmige Gestaltung mit einem geringen Cw-Wert für das 1 Liter-Auto erforderlich. Auch die persönliche Note des Automobilherstellers, seine Individualität und Akzeptanz muss augenfällig sein. Die große Mehrheit der Autokäufer schätzt die emotionalen Inhalte, Erscheinungsbild, Leistung, Anzahl Zylinder, Beschleunigung, Spitzengeschwindigkeit, Anschaffungspreis, eines Autos. Wer gibt schon Geld aus, wenn man sich von einem Auto nicht angezogen fühlt ? Wer möchte mit einer Gurke unterwegs sein ? Das ist beim 1 Liter-Auto nicht anders, obwohl die rationalen Argumente wie Verbrauch, Unterhaltskosten und Anschaffungspreis mehr ausschlaggebend sind.

Alle diese Argumente zählen natürlich beim 1 Liter-Auto auch, nur ohne akzeptablen Anschaffungspreis kann sich kein 1 Liter-Auto durchsetzen. Dabei geht es nicht nur um eine Rationalisierung der industriellen Arbeitsabläufe mit spitzem Bleistift. Vielmehr muss das 1 Liter-Auto neue konstruktive Lösungen bieten. Die Miniaturisierung eines bestehenden Autotraums ist kaum realisierbar, ein Kinderauto wird nicht akzeptiert. Bei der Herstellung der Karosserie, der erforderlichen Komponenten spielen die Kosten eine nicht zu unterschätzende Rolle. Das 1 Liter-Auto kann nur in großen Stückzahlen preisgünstig hergestellt werden. Ab 50 000 Stück /Jahr sind die Investitionen der Werkzeuge anteilsmäßig akzeptabel. Die Handfertigung rechnet sich beim 1 Liter-Auto auch in Billiglohnländern kaum. Aber die ersten 10 000 Stück könnten so gefertigt werden, bis die Akzeptanz am Markt klar ist. Ein preisgünstiges, spaßmachendes Fahrzeug, mit dem man den heutigen Oberklasse-Autos die Stirn bieten kann, wird sicher mit Begeisterung aufgenommen. Der Vertrieb und die Werbung für große Stückzahlen ist nur durch einen bereits etablierten Autohersteller erfolgreich möglich.

## 6.1 Die Stabilität der Karosserie

Nachdem die Karosserie robust und leicht sein muss, werden konventionelle, Metall verarbeitende Lösungen ausgeschlossen. Im folgenden werden 3 Lösungen gezeigt, deren Kosten, ihre Vor- und Nachteile je nach Herstellungsort gegeneinander abzuwägen sind.

a) Bei Formel 1 Rennwagen wird die Karosserie in einer Form hauptsächlich mit Kohlefasergewebe gebildet. Dabei können die Kohlefasergewebe bereits mit Harz vorgetränkt sein und z.B. per Vakuum verdichtet werden. Diese Lösung ist sehr stabil, erfordert aber viel Handarbeit, Bild 43.

**Solche Materialien sind bei R & G Faserverbundwerkstoffe GmbH, Composite Technology in D-71111 Waldenbuch erhältlich.**

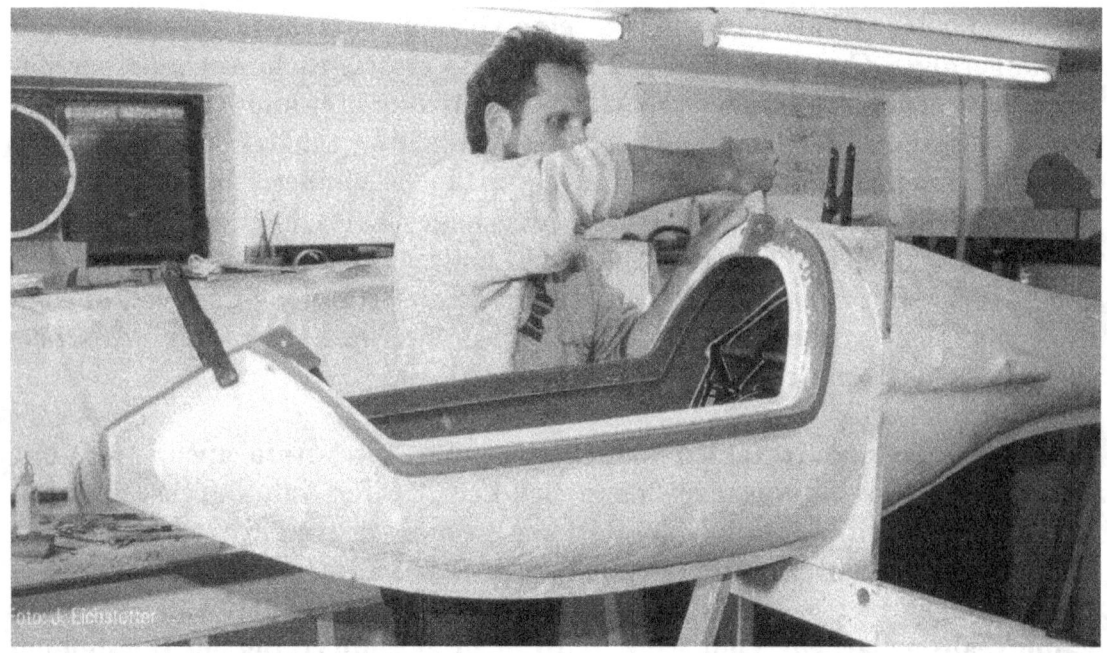

Bild 43 Lamellierung einer Karosserie ist viel Handarbeit, Bild R & G.

b) Bei dieser Lamellierung besteht die Karosserie nicht durch und durch aus Fasergewebe, Bild 44. Eine leichte Wabe verbindet die Innen- und Außenschicht. Die Festigkeit wird dadurch nicht beeinträchtigt, wie später zu sehen ist, aber es wird außerordentlich Gewicht gespart.

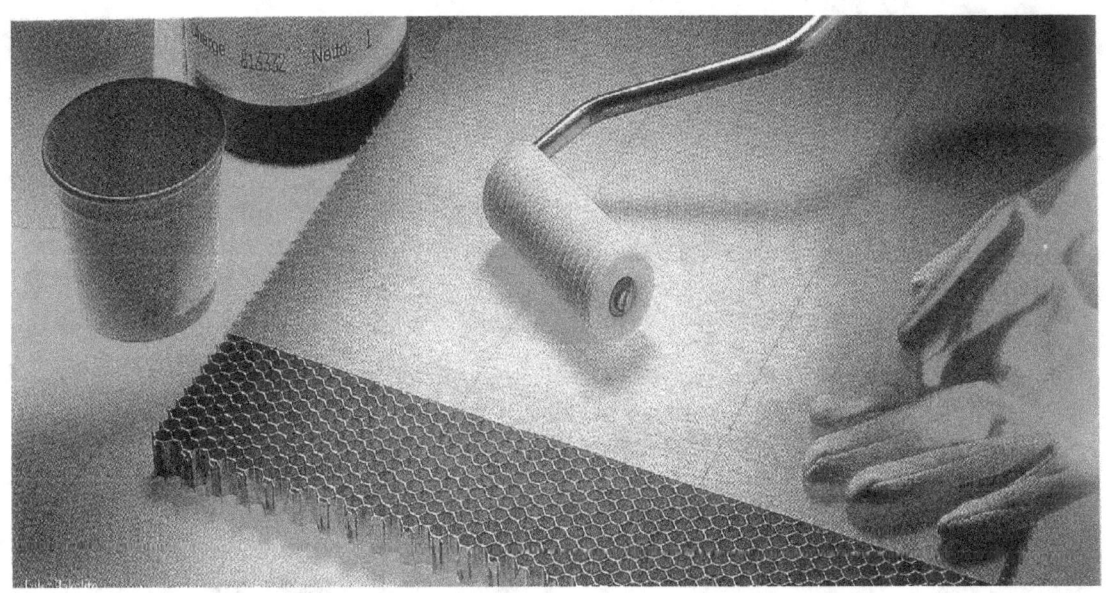

**Bild 44** Wabe als Distanz von Innen- und Außen-Gewebe, Bild R & G.

c) Anstatt der Wabe zum Abstand halten von Innen- und Außen-Haut wird z.B. PU-Gießhartschaum verwendet. In einer Außen- und Innenform wird eine vorgereckte, hochfeste Folie unter Wärmeeinfluss im Vakuum tief gezogen. Die Zugfestigkeit von Polyethylen z.B. wird durch vorheriges Recken um den Faktor 5 000 erhöht. Die völlig ungeordneten, großen Moleküle des Polyethylen werden durch das Recken in Zugrichtung geordnet. Die beiden Formen werden zusammen gesteckt und der Zwischenraum mit PU-Gießhartschaum ausgegossen. So entstehen Gebilde hoher Festigkeit, Bild 45. Diese Lösung lässt sich rationell und preisgünstig fertigen, so wie ein Surfbrett, das nahezu unverwüstlich ist.

Da gibt es aber ein psychologisches Problem zu überwinden. Kunststoff-Karosserien im Auto wurden nie richtig akzeptiert. Denken wir an den Lloyd nach 1945, der sofort den Spitznamen Plastikbomber bekam. Der Trabant wurde verpönt, obwohl er auf schlechten Straßen jedem Westauto davon hüpfte. Für schlechte Straßen war seine Federung konzipiert. Die Bürger aus den neuen Ländern mussten schmerzlich erfahren, dass die Westautos einen gravierenden Mangel hatten, sie rosteten. Zu Beginn der Autoindustrie waren die Karosserierahmen oft aus Holz, das mit zunehmendem Alter verfaulte. Guter Kunststoff verfault und rostet nicht. Aber mit Gewebe lamellierter Kunststoff bricht leicht bei einem Crash, insbesondere wenn es kalt ist. Die *Elise* von Lotus mit 785 kg Leergewicht und die Formel 1 Rennwagen mit 600 kg Leergewicht haben der Kunststoff-Karosserie zum Durchbruch verholfen.

Bild 45  Surfbrett innen ausgeschäumt, Bild R & G.

Lamellierte Kohlefasern mit dem spezifischen Gewicht 1,6 kg /dm³ sind um Faktor 4,9 leichter als Stahl, übertreffen aber dessen Festigkeit. Allerdings haben lamellierte Kohlefasern nur eine geringe Reißdehnung. Sie ist weit geringer als die des Stahls. Beim Crash wird die Crashenergie nicht so kontrolliert in Verformung umgewandelt. Aber Formel 1 Rennfahrer stiegen bei einem Crash mit 300 km /h gegen eine Wand nahezu unverletzt aus.

Im täglichen Gebrauch haben wir manche thermoplastisch gespritzten Gegenstände ohne Faserbeigabe, welche nach wenigen Jahren grundlos zerbrechen. Das verstärkt natürlich die Vorurteile gegen Kunststoffe. Viele thermoplastische Gegenstände haben nach der Herstellung mit Wärme eine Reißdehnung von ca. + 100 %. Für den Gebrauch sind sie bestens geeignet. Durch die Luft, meist Sauerstoff, Wasserstoff und besonders durch das Sonnenlicht reduziert sich die Reißdehnung je nach Material oft auf – 10 %. Die im Gegenstand verbliebenen Spannungen des Spritzvorgangs können dann ausreichen, dass der Gegenstand völlig ohne äußere Kraft zerbricht. Der Ersatz der dünnen Stahlbleche einer selbsttragenden Karosserie durch lamellierte Kunststoffteile ist möglich, wie wir von der *Elise* von Lotus und der Formel 1 wissen. Aber diese Lösung ist für das 1 Liter-Auto immer noch zu schwer.

Nach dem Gesetz der Biegung wird dem Moment

> Kraft . Kraftarm =
> maximal zulässige Kraft /mm² . Widerstandsmoment  (6)

ein Widerstandsmoment entgegen gesetzt. Die maximale Zugfestigkeit des Materials in kg /mm² und das Widerstandsmoment in mm³ aus den Abmessungen und der Form, bestimmen das maximale Biegemoment. Also nicht nur die Zugfestigkeit ist entscheidend, sondern auch die beste Materialanhäufung. Das Widerstandsmoment eines Rechteck-Materials mit Breite b, Dicke h auf Biegung beträgt

$$W_b = \text{Breite} \cdot \text{Dicke}^3 /12 \cdot 2 /\text{Dicke} = b \cdot h^2 /6 \quad (7)$$

Spaltet man dieses Material in zwei Teile gleicher Dicke h /2 und positioniert sie im Abstand a zueinander, so wird das Widerstandsmoment nach dem Satz von Steiner größer

$$W_b = \{ b \cdot h^3 /12 + F \cdot a^2 \} \cdot 2 / (a + h) \quad (8)$$

Ist der Abstand a >> h mit F = b . h; z B. a = 5 mm, b = 50 mm, h = 0,2 mm, so wird

$$W_b = \{ 50 \cdot 0{,}2^3 /12 + 50 \cdot 0{,}2 \cdot 5^2 \} \cdot 2 /5{,}2$$
$$= \{ \quad 0{,}03 \quad + \quad 250 \quad \} /2{,}6$$

$$W_b \sim \{ F \cdot a^2 \} \cdot 2 /a \sim 2 \cdot a \cdot b \cdot h \quad (9)$$

Das Widerstandsmoment $W_b$ wird durch den Abstand a mehr bestimmt, als durch die beiden äußeren, tragenden Teile selbst. Ja, der tragende Teil wird in der Formel scheinbar vernachlässigbar. Das kennen wir bereits vom Doppel-T-Träger aus Stahl, der nur durch einen dünnen Mittelsteg verbunden ist. Bei den Lösungen b) wird der Abstand a durch eine Wabe, bei c) durch PU-Hartschaum erreicht. Das ist zur Stabilisierung der äußeren tragenden Teile grundsätzlich ausreichend. Beide Lösungen haben den Nachteil, dass man weder in der Wabe noch im PU-Hartschaum etwas anschrauben kann. Daher wird in den PU-Hartschaum zusätzlich ein engmaschiger Leichtmetall-Gitterrahmen eingegossen, Bild 46. An diesem metallischen Gitterrahmen sind alle zu befestigenden Teile angebracht. Der PU-Hartschaum mit einem spezifischen Gewicht von z.B. 0,1 kg /dm³ verstärkt einerseits den Gitterrahmen, andererseits dient er der Isolierung, Schalldämmung und Polsterung. Vorteilhaft ist, dass der Hartschaum auch in unterschiedlicher Dicke formschön gegossen werden kann. Sofort stellt sich aber eine bohrende Frage:

Ist diese kleine, leichte Karosserie auch sicher ? Ja, das 1 Liter-Auto hat wie jedes andere, moderne Auto eine sichere Fahrgastzelle. Sie wird durch diesen engmaschigen Gitterrahmen aus Leichtmetall als Überlebenskäfig, in PU-Hartschaum gegossen, gebildet.

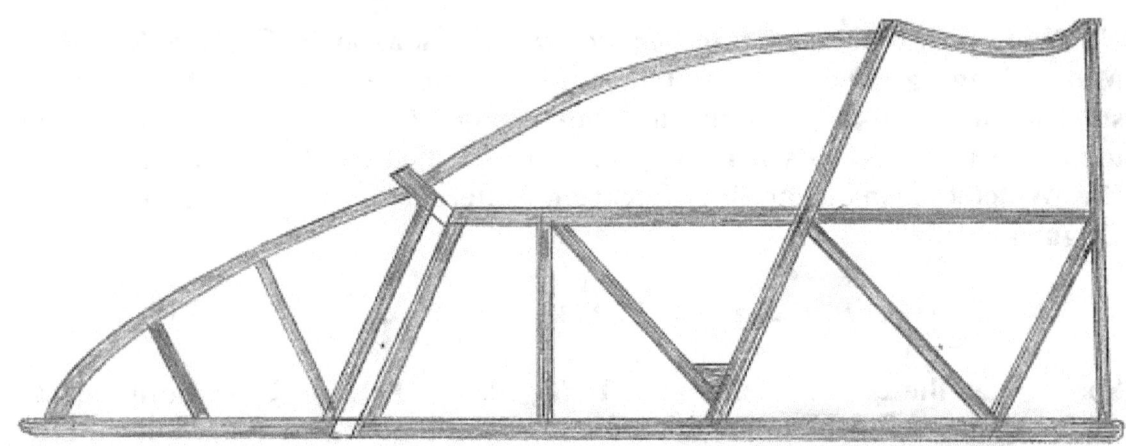

Bild 46  Engmaschiger Gitterrahmen als sichere Fahrgastzelle aus PU-Hartschaum und Leichtmetalleinlage ohne Verkleidung.

Diese Verstärkung erfolgt genauso wie es bei einem Stockcar, Bild 46. Nur, dass dieser unsichtbare Gitterrahmen aus einem Stück hochfestem Blech, ausgestanzt, dreidimensional verformt und zu einem Rohr verbunden wird, was eine kostengünstige Fertigung erlaubt. In diese steife Fahrgastzelle sind vorne, hinten und seitlich Energie verzehrende Crash-Absorber eingebettet. Diese Fahrgastzelle ist leicht und trotzdem äußerst stabil. Diese Fahrgastzelle ist aus leichtem, hochfestem Material. Bei der Auswahl des Materials spielen geringe Fertigungskosten, niedriges Gewicht und die kontrollierte Formveränderung bei einem Crash eine wesentliche Rolle. An diesem metallischen Gitterrahmen sind alle tragenden Teile des Fahrzeugs befestigt.

Die Werbung und die Erfahrung assoziieren uns unbewusst: Ein großes, schweres Fahrzeug ist sicherer. Schließlich hat ein Radfahrer im Crash gegen ein Auto keine Chance. Die folgende Betrachtung zeigt, dass wir da etwas durcheinander bringen. In einigen Versuchen der Physik lernten wir,

$$\text{kinetische Energie} = \text{potentielle Energie}.$$

Überträgt man das auf den EURO-NCAP-Crashtest eines Fahrzeugs, welches mit der Masse m bei 56 km /h ($v \sim 15$ m /sec) gegen eine Stahlwand prallt, so macht man eine unerwartete Feststellung.

$$m \cdot v^2 / 2 = P \cdot h = m \cdot b \cdot h$$

$$b = v^2 / 2 \cdot h = (15 \text{ m /sec})^2 / 2 \cdot 0{,}3 \text{ m} = 375 \text{ m /sec}^2 \sim 38 \text{ g} \qquad (10)$$

Die Verzögerung b beim Crash ist nur vom Verformungsweg h = 0,3 m abhängig. Dabei sollte diese Verzögerung möglichst gleichmäßig verlaufen. Die Masse m des Fahrzeugs spielt überhaupt keine Rolle. Um eine kritische Verzögerung des Menschen von 80 g zu unterschreiten, muss der gleichmäßige Verformungsweg ca. 0,3 m betragen. Da leichte Fahrzeuge bei einem Frontalcrash mit einem schwereren Fahrzeug nach hinten geschleudert werden, vergrößern zusätzliche Airbags, welche nach außen aufblasen, die Sicherheit enorm. Die robuste Karosserie mit ihren Crashzonen, dem Schalensitz mit Dreipunkt-Sitzgurt, der Kopfstütze, dem Überrollbügel, den Airbags bietet Sicherheit.

Bild 47  Sicherheit besteht nicht aus Masse, man muss Sicherheit auch nicht sehen, sondern vertrauensvoll genießen können.

## 6.2 Geräumige Karosserie

Die stromlinienförmige Karosserie des 1 Liter-Autos kann bis zu 2 Erwachsene hintereinander beherbergen. Der Fahrer und der Beifahrer sitzen in komfortablen, dem Körper angepassten Schalensitzen. Diese Schalensitze sind selbst verstärkender Bestandteil der Karosserie und der Fahrgastzelle. So wird die Karosserie so leicht und so robust wie möglich. Der engmaschige Überlebenskäfig, die Schalensitze, der Überrollbügel, das Amaturenbrett sind als Karosserie formschön in PU-Hartschaum eingegossen. Die Außenhaut ist mit einer hochfesten Plastik- oder Metall-Folie überzogen. Die Innenhaut ist, auch aus Gründen der Geräuschdämmung, edel als Velour beflockt. So ist bei rationeller Fertigung eine kostengünstige Karosserie für ca. 500 € herstellbar. Die Fa. Linallec Foams SL in Linares Spanien produziert erste Autoteile bereits in einem einzigen Arbeitsgang. Das Produkt aus BAYER PU-Schaum kann dort nach 5 min Topfzeit aus der Form genommen werden, European Automotive Design April 2007.

Natürlich könnte man die Karosserie auch aus Kohlefasern fertigen, wie den Prototyp des *1 Liter-Autos von VW*. Im Interview des VW Aufsichtsratsvorsitzenden Dr. Piech mit der Braunschweiger Zeitung vom April 2007, „traut sich ein Zulieferer zu, so eine Karosserie für ca. 5 000 € fertigen zu können". Nur, das 1 Liter-Auto muss sich selbst tragen. „Die Frage ist nicht, ob man den $CO^2$-Ausstoß drastisch reduzieren kann, sondern zu welchen Kosten. Wenn nur reiche Leute Öko-Autos kaufen können, werden wir den Planeten nicht retten. Der Anstieg der Autopreise muss in einem akzeptablen Rahmen bleiben", so Renault-Vize Patrick Pelata in Auto Motor Sport 13 /2007.

Das 1 Liter-Auto *Joydance* darf in Innenraum nicht beengt sein. Das wäre von vorne herein ein Handikap. Vielmehr muss es die DKW-Werbung: „Innen größer als außen", eindrucksvoll unter Beweis stellen. Die Fahrzeugbreite beträgt ca. 90 cm, wodurch nur eine Front- und eine Heckleuchte erforderlich sind. Ohne die Funktion einzuschränken, müssen selbstverständlich überall Kosten vermieden werden. Nur so kann ein preisgünstiges und leistungsfähiges 1 Liter-Auto entstehen. Die Innenraumbreite, Ellbogen zu Ellbogen, beträgt unter Berücksichtigung der seitlichen Crash-Zone 80 cm. Welches Auto ist am Fahrersitz nur annähernd so geräumig ? Damit der Fahrer diesen üppigen Raum noch unbeschwerter genießen kann, wird das Lenkrad am besten um den Fahrer angeordnet, Bild 48 + 49. So hat der Fahrer eine nie gekannte Bewegungsfreiheit, den freien Blick die Straße, auf das Display des Computers, dessen Funktionstasten, das Bild der schwenkbaren Rückkamera und den Straßenverlauf, welches das Navigationssystem anzeigt.

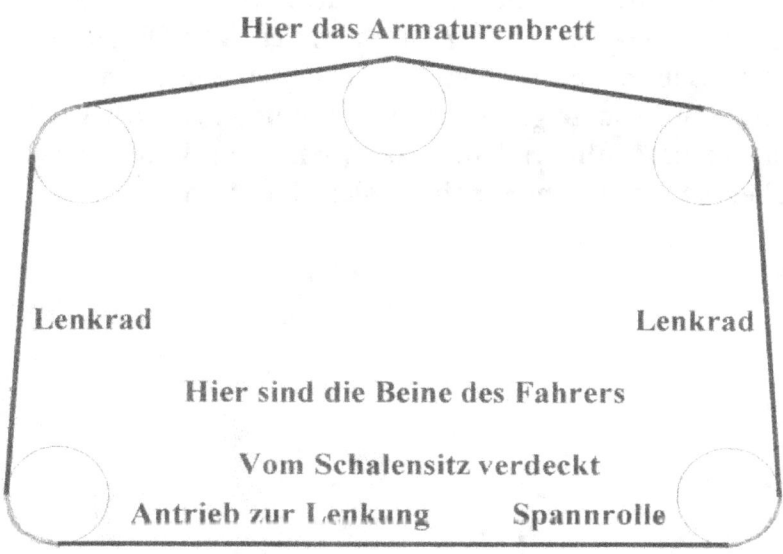

**Bild 48  Führung des Lenkrads**

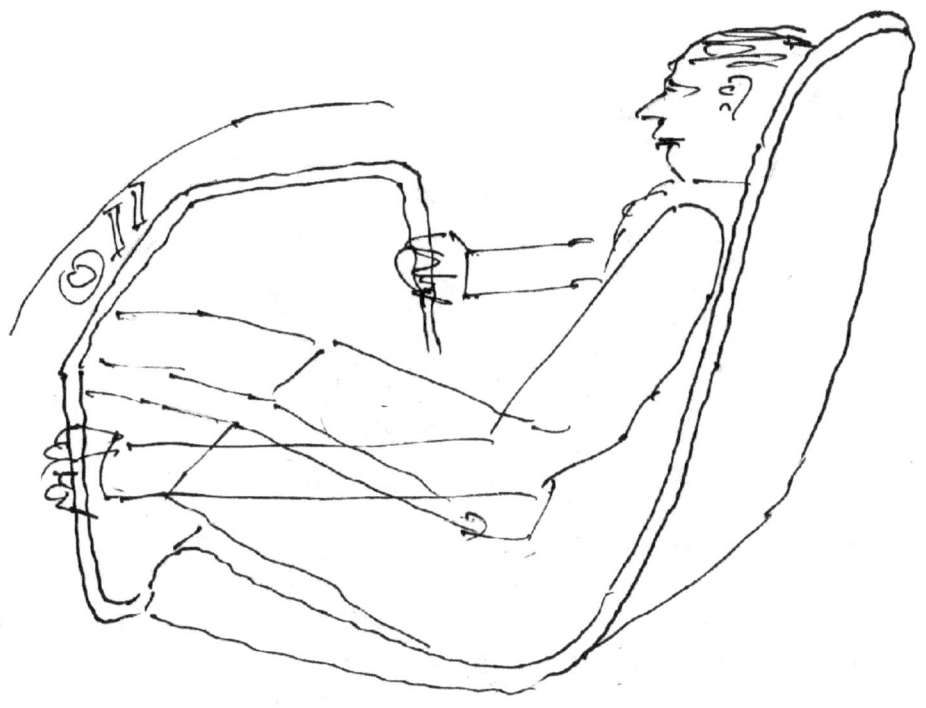

**Bild 49  Lenkrad um den Fahrer schafft Platz und Bequemlichkeit**

Die Schalensitze werden durch die Ein- und Ausstiegshilfe auch für weniger sportliche, große Menschen richtig komfortabel, Bild 50. Der Mittelsteg hebt den Fahrer und Beifahrer auf Kommando aus seinem tiefen Schalensitz des 1 Liter-Autos. Beim Einsteigen sitzen die Personen zunächst auf dem Mittelsteg. Nur auf ihr persönliches Kommando wird der Mittelsteg langsam abgesenkt, bis jeder sicher in seinem Schalensitz Platz findet.

Bild 50  Schalensitz mit Ein- und Ausstiegshilfe

Dieses 1 Liter-Auto *Joydance* ist äußerst leicht, kompakt und trotzdem geräumig. Parkplatzprobleme gibt es damit nicht. Die Windschutzscheibe aus Polycarbonat ist aufklappbar, sodass ein gefälliges Cabrio entsteht. Der Einstieg erfolgt wie bei begehrten Oldtimern über die aufklappbare Windschutzscheibe. Um Windgeräusche zu vermeiden und eine Teilöffnung der Windschutzscheibe zu ermöglichen, besitzt sie einen rundum Magnetverschluß. So kann Luft vorne oder hinten durch einen breiten, verstellbaren Spalt eindringen. Die Windschutzscheibe wird beim Verlassen des Fahrzeugs per Fernbedienung verriegelt. Die Geräusche des Verbrennungsmotors hinter den Passagieren werden durch eine Trennwand gedämmt. Der Verbrennungsmotor ist Wärme- und Schall-isoliert. So kann die geringe Abwärme des wassergekühlten Verbrennungsmotors wirkungsvoller zur Heizung genutzt werden. Der Motor arbeitet immer mit seiner optimalen Nenndrehzahl. Das Abgasgeräusch des Schalldämpfers sollte angenehm flüstern. Der Antrieb mit dem Schwungrad erfolgt geräuschlos. Das 1 Liter-Auto enthält einen Kofferraum, welcher ca. 120 Liter fasst. Er ist über dem Antrieb angeordnet. Ein Außensozius ermöglicht wie bei einem Motorroller die Mitfahrt einer weiteren Person mit Sturzhelm, Bild 51. Die üppige Bugklappe zur Kühlung, Klimatisierung des Innenraumss ist als attraktiver Frontspoiler ausgebildet. Sage einer dieses Fahrzeug weckt keine Emotionen. Mit verspiegelter Windschutzscheibe ist es äußerst geheimnisvoll, mit schwarzer Windschutzscheibe böse herausfordernd und irgendwie unheimlich. Selbstverständlich sind andere formschöne Ausführungen denkbar und auch Autos als Transporter möglich.

Bild 51 *Joydance*, ein sicheres, äußerst sparsames und sportliches Auto. Wer auf dieses kleine , spurtstarke Auto voreilig und überheblich herabschaut bereut es schnell.

Es ist ein Auto das mit der Natur, der Umwelt und den begrenzten Ressourcen unserer Erde im Einklang ist. Der Autofahrer ist nicht länger der Buhmann. Sein $CO^2$-Ausstoß ist mit 7 g /km in der Stadt, Benzin betankt, kleiner als bei einem Radfahrer. Mit nachwachsendem Alkohol betankt ist dieses Fahrzeug fast $CO^2$ neutral. Davon später in Kap. 14.

**Bild 52 zeigt den Aufbau des 1 Liter-Autos *Joydance*.** Den Gitterrahmen aus PU-Hartschaum mit seinem inneren Leichtmetallskelett, an dem alle Teile befestigt sind. Die Karosserie aus PU-Hartschaum, welche mit dem Gitterrahmen, dem Armaturenbrett, den Schalensitzen verstärkend vergossen ist. Die Windschutzscheibe aus Polycarbonat mit ihrem rundum Magnetverschluß. Mit offener Windschutzscheibe wird *Joydance* zu einem gefälligen, luftigen Cabrio. Geschlossen entsteht ein attraktives Coupe, dessen Windschutzscheibe sich vielfältig öffnen lässt.

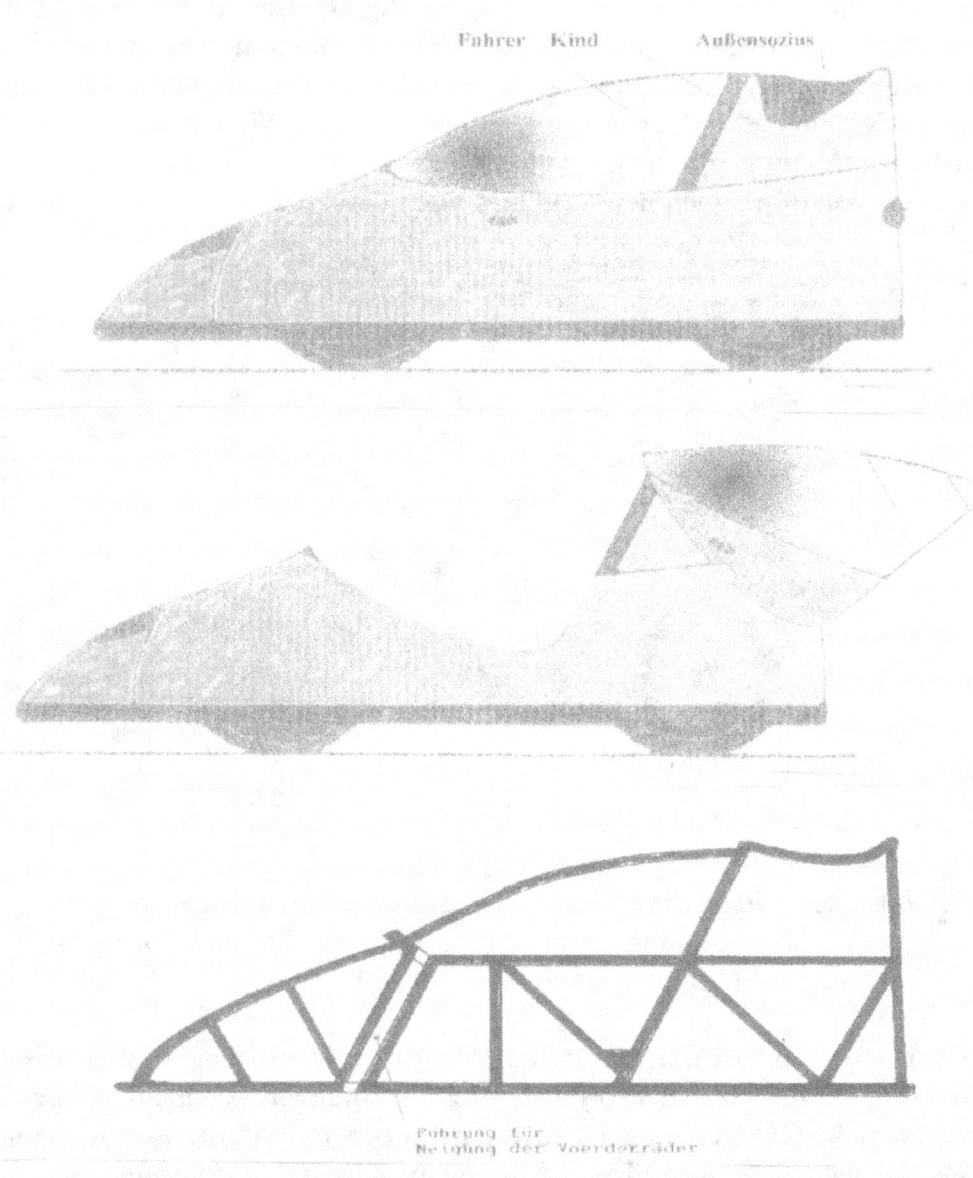

Bild 52  Das 1 Liter-Auto *Joydance*, hier für eine Person,
wird mit offener Windschutzscheibe zum luftigen Cabrio.

## 6.3 Die Felgen

In üblichen Autos sind die formschöneren Alu-Felgen oft schwerer als die Stahlfelgen. Das Material allein verringert nicht das Gewicht. Selbstverständlich müssen auch die Felgen des 1 Liter-Autos leicht und robust sein. Die Felgen des 1 Liter-Autos werden stromlinienförmig in die Karosserie eingepasst. Die Felgen der Vorderräder sind dabei scheibenförmig gestaltet und bündig in die Karosserie eingelassen. So ist ihr Luftwiderstand klein. Die Felgen sind innen ähnlich aufgebaut wie Felgen mit Speichen von Oldtimern. Eine knetbare Alu-Zink-Legierung wird z.B. wie um virtuelle Speichen gewellt. Das ergibt bei geringem Gewicht eine enorme Steifigkeit der Felge. Diese Legierung gestattet die zusätzliche Material-Anhäufung an der Nabe und am Felgenhorn, Bild 53. Auch hier wird der Steiner´sche Satz (9) zur Versteifung angewandt, das tragende Alu-Zink-Blech wird tief verformt. Möglicherweise muss das Felgenhorn bei der Herstellung geteilt werden. Die Felge mit konisch steckbarer Nabe und Zentralbefestigung wird so leicht und robust. Die Felge wird auf beiden Seiten z.B. mit PU-Hartschaum zu einer stromlinienförmigen Scheibe formschön verstärkt.

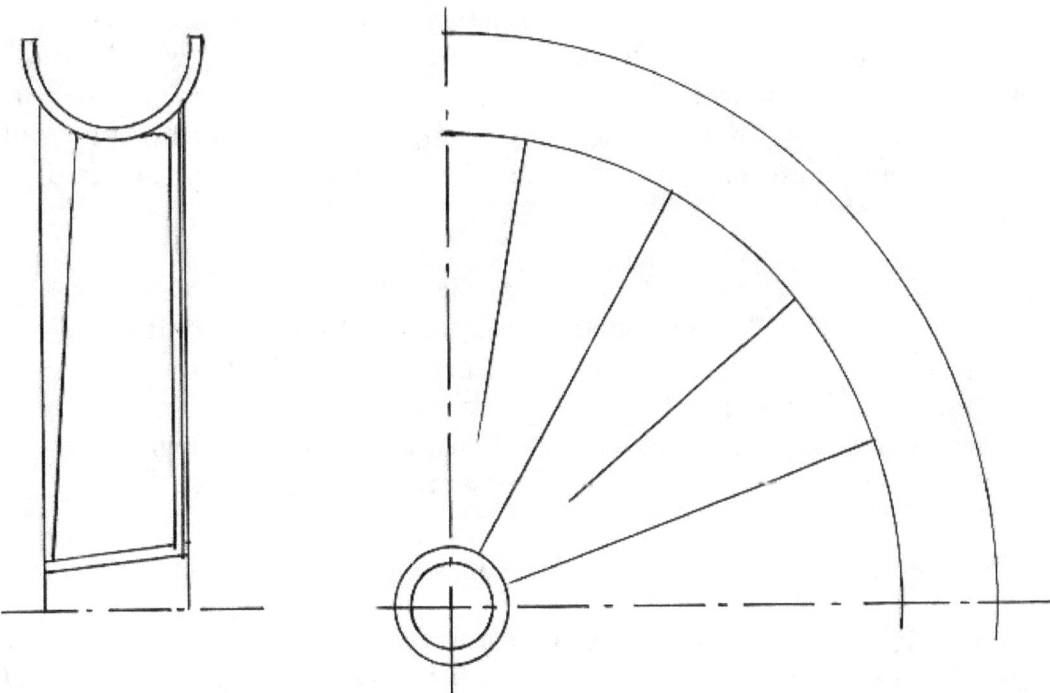

Bild 53  Felge mit Zentralbefestigung, scheibenförmig durch PU-Hartschaum-Vergießung.

Aus Gründen des Gewichts wird zum Bremsen anstatt einer planen Bremsscheibe eine zylindrische verwendet. Sie ist direkt an der Felge zentrisch angeflanscht. Eine übliche, schwimmende Bremszange bremst die dünne, zylindrische Bremsscheibe sowohl innen wie außen. Bei einem Radwechsel, Ersatz der Bremsklötze, wird immer auch die zylindrische Bremsscheibe getauscht.

## 6.4  Das Ambiente
Durch diese Maßnahmen entsteht ein leichtes, formschönes und robustes 1 Liter-Autos, welches preisgünstig herstellbar ist. Der Innenraum ist formschön gestaltet und als Velour körperfreundlich beflockt. Der Fahrer hat ohne störendes Lenkrad herrlich Platz und freien Blick nach außen. Mit aufgeklappter Windschutzscheibe wird das 1 Liter-Auto zum gefälligen Cabrio - mit der Luftigkeit eines Motorrads. Am Armaturenbrett wartet das Touch-Screen-Display eines erweiterden GPS-Computers ( global position system ) auf die Eingabe der Befehle des Fahrers. Mit dem GPS-System denkt der Computer für den Fahrer voraus. Das gilt besonders zur Einsparung des Kraftstoffs. Alle Kommandos des Fahrers werden über das Touch-Screen-Dislpay eingegeben. Die Bedienung des Displays passt sich automatisch an die augenblickliche Situation des Fahrers an. So wird die Bedienung einfach und zusätzliche, Kosten treibende Knöpfe am Armaturenbrett werden vermieden. Das Display zeigt die Daten des Fahrzeugs, wie Geschwindigkeit, gespeicherte Energie im Schwungrad, Verbrauch pro 100 km, Tankinhalt an. Das Bild der schwenkbaren Rückkamera, der Straßenverlauf des GPS-Navigationssystems wird bei Bedarf automatisch eingeblendet. Damit der Fahrer nicht mit Informationen überhäuft wird, werden dann Teile der Anzeige nur als Zahl angezeigt.

Die Hand-Steuerung bietet dem Fahrer die Möglichkeit, selbst in die Motorsteuerung, den Puls-Pausen-Betrieb einzugreifen. Er kann damit z.B. die Zeitpunkte zur Ladung der Schwungrad-Energie selbst bestimmen. Zusätzlich übernimmt der Computer wichtige Kontroll-Aufgaben. Er warnt den Fahrer, z.B. wenn er zu schnell durch Kurven fährt, der Kraftstoff nicht für die Hin- und Rückreise ausreicht oder die Neigungssteuerung ausfällt.

## 6.5  Die Akzeptanz
Die Anzeige des Kraftstoff-Verbrauchs, auch zusätzlich am Heck, führt zu einer Kommunikation mit anderen Verkehrsteilnehmern. Sie unterstreicht den Vorbild-Charakter des 1 Liter-Autos *Joydance*. Andere sehen es, fragen sich, kann das sein ? Sie sagen sich: Ist das sparsam ! Dabei so wieselflink und spurtschnell ! Aus diesen Worten spricht Hochachtung. Eine Werbung ohne Worte. Sie werden nachdenklich, ja beschämt. Wenn nicht der Fahrer, so doch dessen Ehefrau. Nach und nach kann diese Verbrauchsanzeige am Heck

mit zum Umdenken der Autofahrer führen. Diese Verbrauchsanzeige zeigt, Auto fahren muss nicht länger zum Treibhauseffekt der Erde beitragen - es geht auch anders. Die Anzeige kann auch dieses faszinierende Wechselspiel der Ladung und Entladung des Schwungrads als Energiespeicher anderen Autofahrern vermitteln. Dieses sparsame, quirlige Auto ist im Einklang mit der Natur und der bedrohten Umwelt.

## 7. Das wendige, komfortable Fahrwerk

Die Masse eines Fahrzeugs reduziert die Frequenz der Schwingungen. Sie wird mit den Stoßdämpfern gedämpft. Das 1 Liter-Auto ist mit knapp über 100 kg sehr leicht, leichter als die mögliche Zuladung von 200 kg. Die Federung und Schwingungsdämpfung wird dadurch zu einer besonderen Herausforderung. Hinzu kommt, dass das 1 Liter-Auto möglichst wendig in der Kurve sein sollte, um größtmögliche Standfestigkeit und Fahrspaß zu ermöglichen. Schließlich entscheidet die Qualität des Fahrwerks über die Fahreigenschaften eines Autos.

### 7.1 Vorbildliche Fahrwerke
Daimler-Chrysler hat im *F 300 Life-Jet* Prototyp ein selbsttätig in die Kurve neigendes Fahrwerk vorgestellt Bild 54 + 55.

**Bild 54** *F300 Life-Jet* neigt sich in die Kurve, DaimlerChrysler Archiv

Es ist fast 4 m lang und hat Platz für 2 Personen hintereinander. Es ist äußerst formschön, aber seine ca. 800 kg Leergewicht haben mich geschockt. Es beruht auf einem bekannten Prinzip. Leider war das Fahrverhalten, welches von 3 Computern kontrolliert wurde, beileibe nicht so agil und sicher wie vermutet, siehe die Beurteilung der Motorradzeitung Test & Technik. „Die Neigung wird hydraulisch von 3 Computern gesteuert. Beim Ausfall der Hydraulik neigte sich das Fahrzeug auf eine Seite. Eine weitere geradeaus Fahrt zur Werkstatt war nicht mehr möglich". DaimlerChrysler hat es versäumt, die bestehenden Mängel zu beseitigen und den *F300 Life-Jet* kostengünstig zur Serienreife zu bringen, Bild 55 DaimlerChrysler-Archiv.

Bild 55    Kurvenfahrt des *F300 Life-Jet* von DaimlerChrysler.

Das Liegerad *Tripendo* der Leichtfahrzeug GmbH arbeitet nach dem gleichen Prinzip. Das neigende Fahrwerk ist aber so ausgewogen ausgelegt, dass Kurven fahren sogar freihändig, nur durch Gewichtsverlagerung des Fahrers, ohne Lenkung, möglich ist. Bild 56 Tripendo Werbung, www.tripendo.com.

**Bild 56**   Neigendes Liegefahrrad *Tripendo*.

Die Neigung von bis zu 26° des *Tripendo* wird nicht automatisch herbeigeführt, sondern durch einem Hebel mit der einen Hand des Fahrers gesteuert. Die Lenkung erfolgt mit dem zweiten Hebel der anderen Hand. Neigung und Lenkung können beliebig schnell ausgeführt werden. In kritischen Situationen können Lenkung und Neigung, welche nur mit einer Hand gehalten werden, leicht zu Fehlsteuerungen des Fahrers führen. Bei einem nicht zulassungspflichtigen Fahrrad ist das akzeptabel. Das ausgewogene Fahrwerk fiel Herrn Schlievert, dem Konstrukteur und Initiator des *Tripendo,* nicht wie eine reife Frucht in den Schoß. Eine Vielzahl von Änderungen waren notwendig, um dem *Tripendo* diese überragenden Fahreigenschaften zu verleihen. Das Fahrzeug muss selbsttätig, bei jeder Beladung, in die Mittellage ohne Neigung zurückkehren. Wie bei einer Balkenwaage spielen dabei deren Lagerung, die Aufhängung der Räder und der Schwerpunkt des Fahrzeugs eine große Rolle. Wird das nicht berücksichtigt, so überkippt das Fahrzeug, wie auch eine völlig im Gleichgewicht befindliche Balkenschaukel bei Belastung. Sie findet auf jede Seite gekippt eine stabile Position. Nicht nur der *F300 Life-Jet*, auch unser erster *Joydance* Prototyp hatte anfänglich diesen Mangel.

Der *Carver One* von Anton van den Brink neigt sich mit der Lenkung selbsttätig in die Kurve. Seine Neigung beträgt sogar 45°. Mit der Lenkung des Vorderrads lenken die Hinterräder mechanisch gesteuert mit. Dabei stützt sich die Fahrgastzelle hinten zwischen den beiden Hinterrädern ab. Nur sie neigt sich mit dem Vorderrad. Die Neigung wird elektrohydraulisch in Abhängigkeit von Lenkwinkel und Geschwindigkeit vorgenommen. Der FOCUS schreibt:„Selbst talentierte Zweiradfahrer beschleicht anfänglich ein mulmiges Gefühl", bei dieser großen, selbstständigen Neigung. Die Neigung wird innerhalb einer Sekunde von Anschlag zu Anschlag vollzogen. Der *Carver One* beschleunigt mit seinem Vierzylinder-Turbomotor mit 68 PS von 0 auf 100 km /h in 8,2 sec, bei einer Spitzengeschwindigkeit von 185 km /h. Er wird seit 6 Jahren auf der Straße erprobt. Die ersten 500 Stück sollen für ca. 35 000 € ab 2007 an Kunden ausgeliefert werden. Der *Carver One* hat in einem Langstreckenrennen gegen Porsche und andere Sportwagen bewiesen, wie hervorragend sein neigendes Fahrwerk ist. Der *Carver One* macht Schluss mit dem Fahrfreude-Gerede anderer Hersteller. Er fährt sich wie ein Kampfjet, Bild 57.

Motor 4 Zylinder Daihatsu 659 cm³, 68 PS,
Länge x Breite = 3,40 x 1,40 m, Gewicht 670 kg,
Geschwindigkeit 185 km /h,
Verbrauch ca. 6 l /100 km,
Autoführerschein, FOCUS 24 /2006.

**Bild 57** *Carver One* **von Vandenbrink, Vandenbrink-Werbung.**
Man muss ihn fahren sehen., www.carver-worldwide.com
**Das EU-Projekt CLEVER ( Compact Low Emission Vehicle for Urban Trans-**

port mit 3,3 Mio. € gefördert ) mit BMW als wichtigstem Industriepartner hat dieses Konzept 2002 aufgegriffen. Es ist für 2 Passagiere hintereinander konzipiert. Der Motor mit 230 cm³ hat eine Leistung von 15 KW. Durch den Erdgasbetrieb sind die $CO_2$-Abgaswerte um 25 % niedriger. Als Stadtfahrzeug besitzt es eine Höchstgeschwindigkeit von 80 km /h. Den Crashtest der EURO-NCAP-Norm mit 56 km /h gegen eine Stahlwand, hat der Prototyp bestanden. Dabei musste die sich neigende Fahrgastzelle besonders steif sein, weil sie vom zweirädrigen Motorantrieb hinten nur an einer drehbaren Stelle gehalten wird. Das Ergebnis ist ein Leergewicht von 400 kg bei einem Verbrauch von 2,4 l /100 km. Die BMW Antwort zum Smart von Daimler-Chrysler - halbes Leergewicht und halber Verbrauch ? Eine Fertigung bei BMW wurde ausgeschlossen.

Das Problem von *Carver One* und *Clever* sind das große Leergewicht und die hohen Herstellungskosten. Preisbewusste Kunden, welche an einen kleineren Kraftstoffverbrauch denken, berücksichtigen selbstverständlich auch den Anschaffungspreis bei ihrer Amortisationsrechnung. Ein 1 Liter-Auto muss nicht nur einen geringen Kraftstoffverbrauch aufweisen, sondern auch insgesamt in Anschaffung und Folgekosten preisgünstig sein. Das erfordert neben einer rationellen Fertigung bei hoher Stückzahl, besondere konstruktive Anstrengungen zur Verringerung des Leergewichts. Daneben soll es Fahrfreude bereiten, ein schier unlösbares Problem.


## 7.2 Preisgünstige, sich neigende Radaufhängung
Die Radaufhängung von Fahrzeugen wird üblicherweise mit Querlenkern vorgenommen. So kann das Fahrzeug auch in der Kurve geneigt werden, siehe *F 300 Life-Jet* von DaimlerChrysler Bild 55. Das hat den Nachteil, dass der Strömungswiderstand bei außerhalb der Karosserie befindlichen Rädern größer ist und der zur Verfügung stehende Innenraum verkleinert wird.

Beim 1 Liter-Auto ist es wichtig, dass der Innenraum großzügig ist. Die alte Werbung von DKW: „Innen größer als außen", sollte wirklich empfunden werden. Die Radaufhängung sollte deshalb anders gelöst werden. Die Räder von ca. 60 cm Durchmesser sind in einer Linearführung vertikal verschiebbar, was die einfache Neigung des Fahrzeugs ermöglicht. Die Führungsschiene welche die Räder hält, ist in Gummi geräuschdämmend so an der Karosserie befestigt, dass eine Drehung dieser Führungsschiene eine Lenkung der Vorderräder herbeiführt, Bild 58. In dieser Führung läuft ein Rollen gelagerter Schlitten, der je ein Vorderrad lagert und führt. Diese Führung erlaubt den größtmöglichen Innenraum, den stromlinienförmigen Einbau der Vorderräder und eine Neigung des Fahrzeugs in der Kurve. Ohne Neigung des

Fahrzeugs in die Kurve ist auch ein geschliffenes Stahlrohr als Führung für den Radschlitten geeignet. Die Führung der hinteren Antriebsräder erfolgt wegen des Antriebs besser mit einer Schwinge.

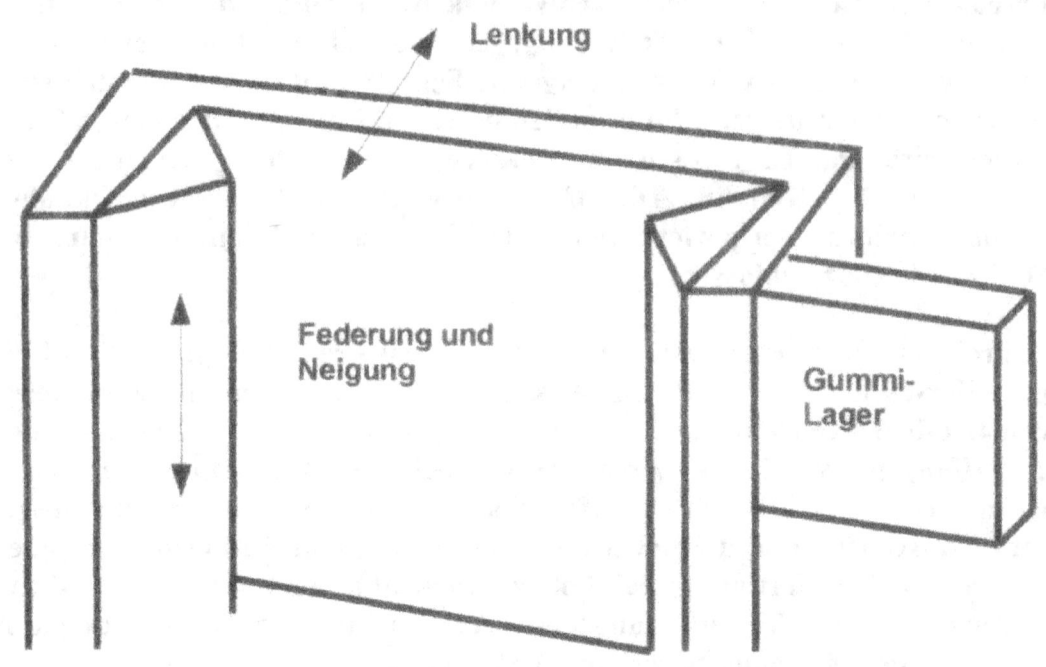

Bild 58  Führungsschiene für den Schlitten, an dem ein Vorderrad geführt, gelagert, geneigt und gelenkt wird.

Das Bild 59 zeigt, wie das Fahrzeug unter Verwendung nur einer Zugfeder und einem Stoßdämpfer je Achse einfedert. Dabei wirkt der automatisch gespannte Zahnriemen als starrer Querstabilisator. Sollte dieser Querstabilisator zu starr sein, so kann jedes Rad eine zusätzliche Federung, z.B. aus Gummi, aufweisen. Die Umlenkrollen des Zahnriemens sind in einem stabilen Rahmen gelagert. Federt das linke Rad infolge einer Unebenheit ein, so federt das Rechte infolge des Querstabilisators mit ein, ausgezogener Pfeil. Auf diese Weise wird ein möglicher Kippimpuls des Fahrzeugs unterdrückt. Der Federweg der beiden Räder ist immer gleich. So ist eine angenehm weiche Federung möglich, ohne an Sportlichkeit einzubüßen. Eine einfache Lösung, welche auch „Do it yourself" repariert werden kann. Würde der überdimensionierte Zahnriemen reißen, so werden die beiden Räder von je einem Gummianschlag gehalten. Eine Fahrt zur Werkstatt bleibt mit reduzierter Geschwindigkeit möglich.

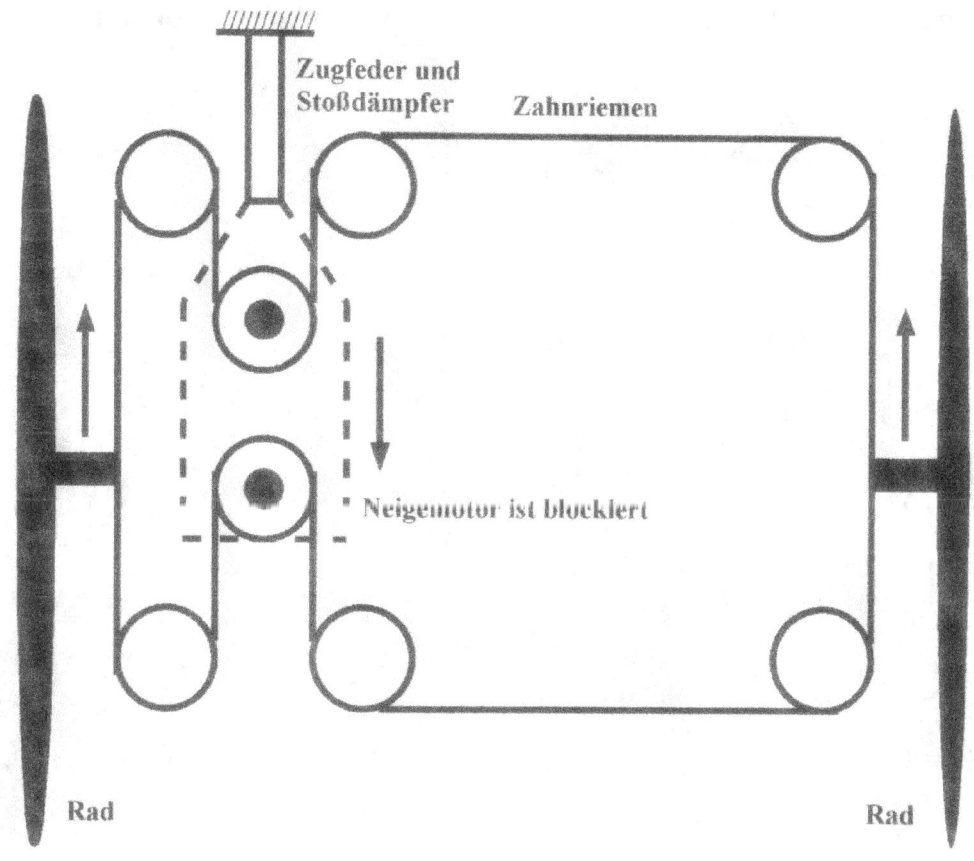

**Bild 59** Nur ein Stoßdämpfer, eine Feder je Achse.
Die Bewegung des Zahnriemens als Querstabilisator
ist beim Einfedern als ausgezogener Pfeil dargestellt.

Diese Konstruktion erlaubt eine einfache Neigung des 1 Liter-Autos in der Kurve. Die erforderliche Neigung des Fahrzeugs wird in Abhängigkeit der Geschwindigkeit und des Lenkwinkels vom Computer errechnet und mit dem Zahnriemen gesteuert. Die Neigung erfolgt durch die Überlagerung zweier Bewegungen des Zahnriemens. Der Drehbewegung ( ausgezogener Pfeil ) und der Hubbewegung ( gestrichelter Pfeil ) des Neigeschlittens durch den elektrischen Neigemotor, Bild 60. Zur Hubbewegung rollt der Neigemotor das Seil auf. Durch diese beiden überlagerten Bewegungen wird erreicht, dass die Bodenfreiheit des Kurven inneren Rades konstant bleibt und nur das Kurven äußere Rad die Neigung herbeiführt. Hierdurch kann die Bodenfreiheit des 1 Liter-Autos klein sein. Durch die Hubbewegung des gesamten Fahrzeugs kehrt das Fahrzeug selbsttätig in die Mittellage zurück. Die Einfederung der beiden Räder einer Achse ist durch den Zahnriemen als Querstabilisator bei jeder Neigung gleich groß. Der Fußraum des 1 Liter-Autos wird bei dieser Konstruktion kaum eingeschränkt, was die Bequemlichkeit fördert.

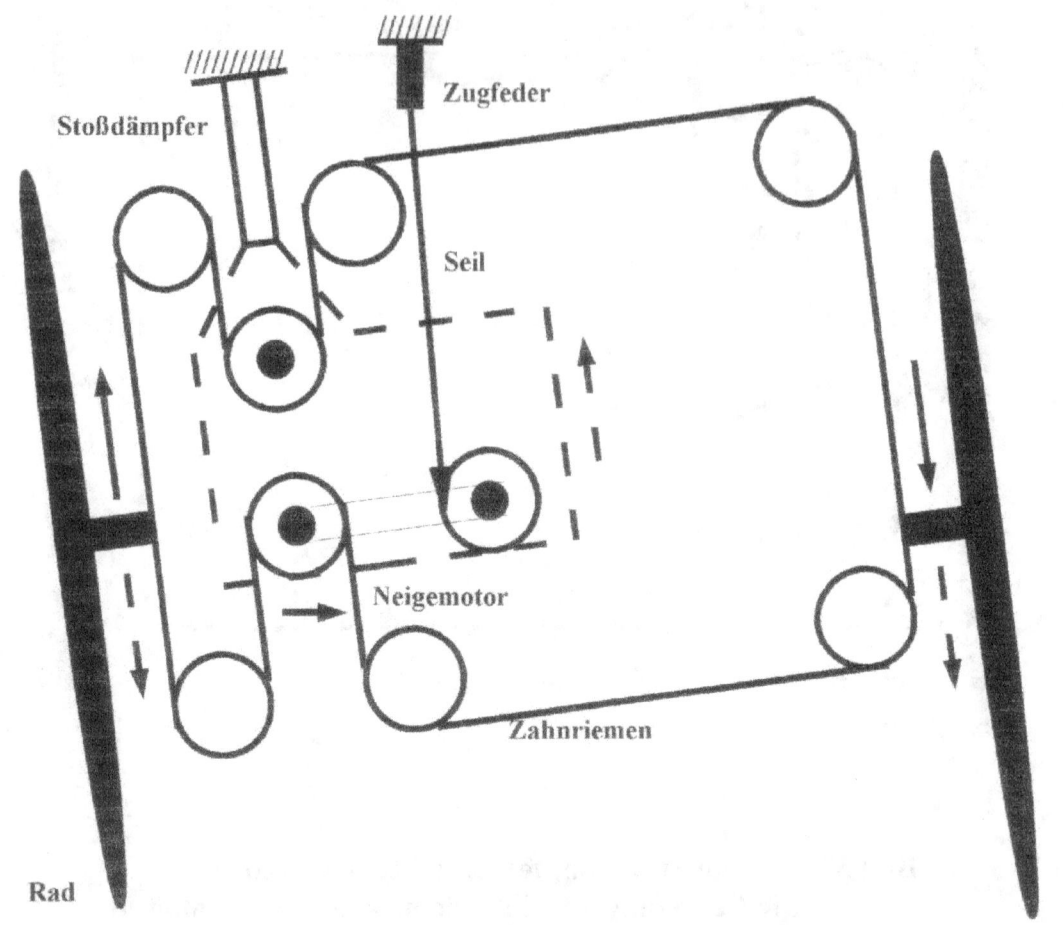

Bild 60  Bewegung der Räder und des Zahnriemens durch die Dreh- ( ausgezogen ) und die Hub-Bewegung ( gestrichelt ) mit dem Neigemotor

Diese Radaufhängung ermöglicht die Veränderung der Bodenfreiheit auch während der Fahrt. Hierzu muss nur die Seillänge verändert werden. Das alles gilt sowohl für 3- als auch für 4-rädrige Fahrzeuge.

7.3    Die Steuerung der Neigung
Die erforderliche Neigung wird aus der Geschwindigkeit v und dem Lenkwinkel w vom Computer bestimmt und mit einem Elektromotor mit Rückmeldung ausgeführt. Der Elektromotor arbeitet nicht selbsthemmend, so dass

bei Spannungsausfall das Fahrzeug selbsttätig zur Mittellage zurückkehrt. Das Drehmoment des Neigemotors wird mit seiner Stromaufnahme gemessen. Erhöht sich die Stromaufnahme unerlaubt, so wird die Neigesteuerung vom Computer abgeschaltet. Zur Sicherheit wird die erforderliche Neigung zusätzlich durch ein anderes Medium, mit einem gedämpften Neigungsschalter, überwacht. Liegt die Neigung des Neigungsschalters nicht innerhalb des zulässigen Toleranzbereichs, so wird die Neigung des Fahrzeugs in der Mittellage am Elektromotor verriegelt, der Fahrer vom Computer zu vorsichtiger Fahrt und zum Werkstattbesuch am Display aufgefordert. Dieses einfache Fahrwerk mit nur einer Feder, einem Stoßdämpfer je Achse, ermöglicht mit seiner automatischen Neigung, seinem Querstabilisator, größtmöglichen Fahrkomfort und Sicherheit. Selbstverständlich kann dabei ein sensibel ansprechender, elektrisch verstellbarer Stoßdämpfer zur Anwendung kommen.

## 7.4  Stabilität in der Kurve

Die Stabilität des 1 Liter-Autos mit kleiner Spurbreite ist von der statischen Stabilität im Stand und der Neigung in der Kurve abhängig. Die statische Stabilität ist beim 3- und 4-rädrigen Fahrzeug verschieden. Zieht man zwischen den Berührungspunkten der Reifen auf der Fahrbahn Linien, so erhält man beim Dreirad ein Dreieck, beim 4-rädrigen Fahrzeug ein Viereck. Im Bild 61 und 62 sind die Kräfte des Gewichts bzw. der Masse m des Fahrzeugs, mit seinen Passagieren und der Querbeschleunigung der Kurve vom Schwerpunkt S aus aufgetragen. Die wirksamen Kräfte sind:

$$\text{Schwerkraft} = \text{Masse m} \cdot \text{Erdbeschleunigung g},$$

aus Geschwindigkeit v und dem Kurvenradius r die

$$\text{Querkraft} = m \cdot v^2 / r,$$

und die $\quad$ Bremskraft $= m \cdot b$

Die Resultierende dieser Kräfte erzeugt ein Kippmoment des Fahrzeugs, sobald sie in der Verlängerung diese seitliche oder die vordere Linie überschreitet. Dabei ist diese Resultierende unabhängig von der Masse m.

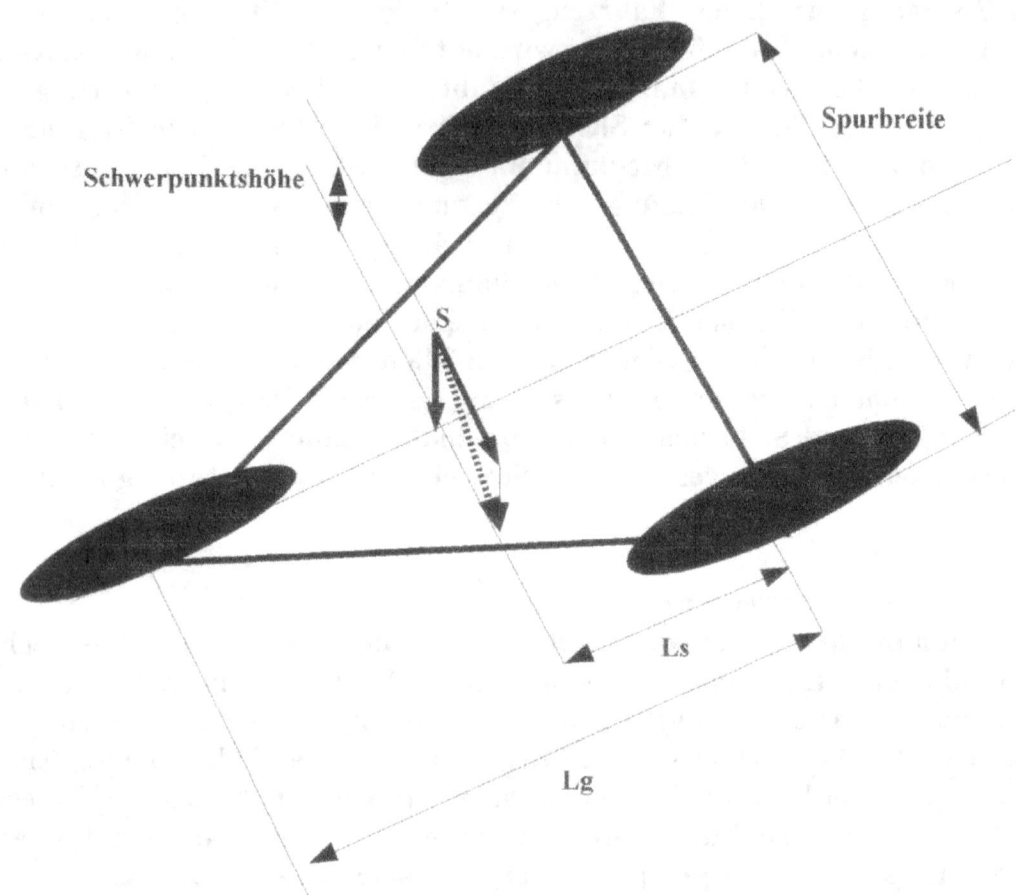

**Bild 61   Stabilität des Dreirads.**

Schwerkraft und Querkraft, Schwerkraft und Bremskraft addieren sich geometrisch. Ein Kippmoment entsteht, wenn der Pfeil der resultierenden Kraft außerhalb der seitlichen oder vorderen Linie auftrifft. Die statische Stabilität St beträgt mit g der Erdbeschleunigung

$$St = g \cdot Spurbreite \cdot (Lg - Ls) / 2 \cdot Lg \cdot Schwerpunktshöhe \qquad (11)$$

Eine geringe Schwerpunktshöhe erhöht die statische Stabilität, wie man vom Gocar weiß. Die Sitzhöhe der Passagiere und die Sitzposition sind beim Dreirad von besonderer Bedeutung. Die Sitzposition zwischen den Vorderrädern ergibt die höchste seitliche Stabilität, nur ist dabei die Bremsverzögerung völlig ungenügend.

Beim 4-rädrigen Fahrzeug Bild 62 ist die statische Stabilität unabhängiger von der Sitzposition.

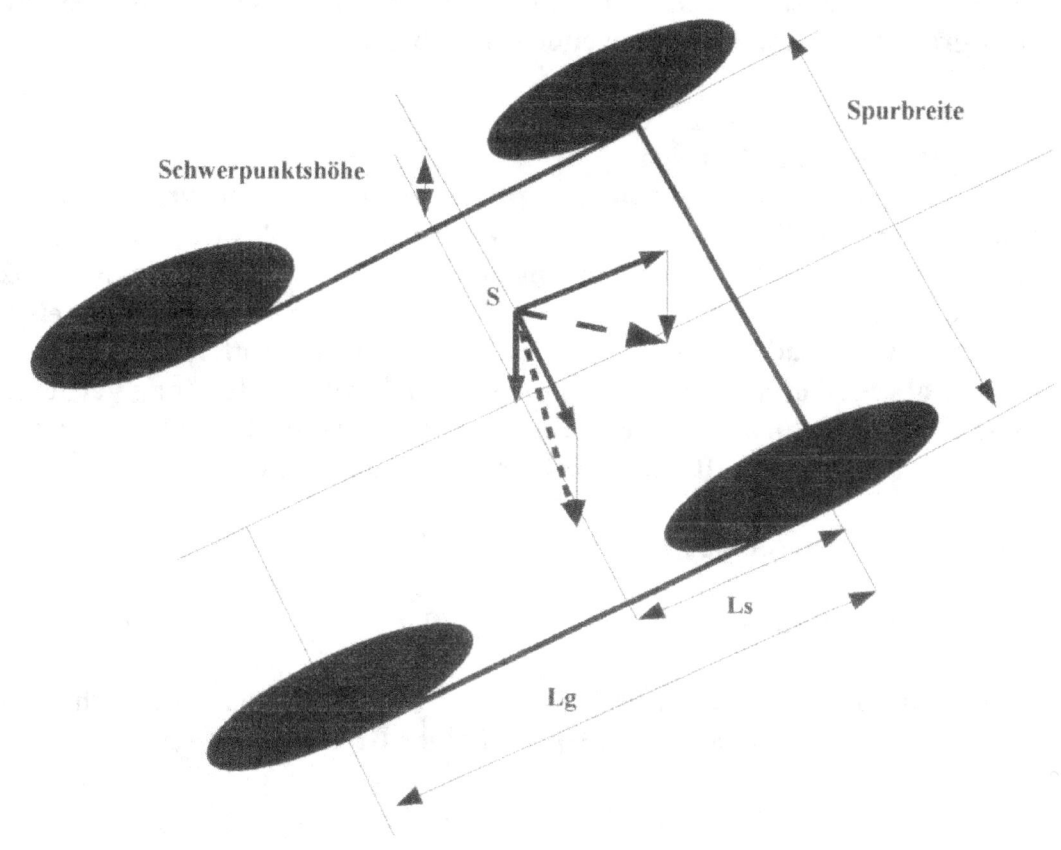

**Bild 62  Stabilität des 4-Rads beim Fahren und Bremsen**

Statische Stabilität  = g . Spurbreite / 2 . Schwerpunktshöhe     (12)

Beim Dreirad ist die statische Stabiltät nur etwa halb so groß wie beim 4-rädrigen Fahrzeug. Die Stabilität eines Fahrzeugs wird in der Kurve durch seine Neigung erhöht. In der Kurve addieren sich die statische Stabilität und die Wirkung der Neigung. Beim 1 Liter-Auto für eine Person sei die Spurbreite 80 cm, die Schwerpunktshöhe Sh = 35 cm, Ls = 70 cm, Lg = 140 cm. Daraus ergibt sich

die gesamte Stabilität  =  statische Stabilität + g . tan Neigung °,    (13)

beim Dreirad  = g . 80 cm / 4 . 35 cm  + g . tan 25 °  = 1,03 g    (14)

beim 4-Rad   = g . 80 cm / 2 . 35 cm  + g . tan 25 °  = 1.60 g    (15)

Diese Werte werden durch den zusätzlich stabilisierenden Einfluss des Schwungrads von Kap. 8 und 16 weiter vergrößert.

### 7.5 Stabilität beim Bremsen

Ein Fahrzeug ist nur sicher, wenn es im Bedarfsfalle auch gut bremsen kann. Das hängt nur zum Teil von den Bremsen selbst ab. Die Position des Schwerpunkts und die Qualität der Federung sind wieder wichtig, Bild 61 + 62. Durch das Bremsen der Vorderräder kann leicht ein Überschlag entstehen, wie wir das vom Radfahren kennen. Dabei heben die Hinterräder von der Fahrbahn ab. Sie können vollständig ihre Bremskraft und Haftung verlieren. Die Gefahr eines Schleuderns des Fahrzeugs ist dabei groß. Auch aus diesem Grund wird die Bremskraft bei Autos vorne und hinten meist begrenzt.

Die maximale Bremsverzögerung der Vorderräder = $g \cdot Ls / Sh$, (16)

beim Drei- und 4-Rad = $g \cdot 70 \text{ cm} / 35 \text{ cm} = 2g$ (17)

Die Autos von heute erreichen bei einer Geschwindigkeit von 100 km/h einen Bremsweg Bw von ca. 40 m. Das entspricht einer Bremsverzögerung

$b = v^2 / 2 \cdot Bw = 772 \text{ (m/sec)}^2 / 2 \cdot 40 \text{ m} = 9{,}64 \text{ m/sec}^2 = $ ca. $1g$ (18)

Die mögliche Bremsverzögerung von $2 \cdot g$ ist sehr gut. Die Werte der Gleichungen (13 bis (17) ergeben sich durch die geringe Sitzhöhe des Fahrers und Beifahrers. Zum komfortablen Ein- und Ausstieg ist eine Unterstützung nach Bild 50 vorgesehen. Trotz der kleinen Abmessungen des 1 Liter-Autos braucht dieses Fahrwerk den Vergleich mit teuren, sportlichen, PS-starken Autos nicht zu scheuen.

### 7.6 Fazit

Die Neigung von *Joydance* beträgt 25°. Eine Neigung von 45 Grad wie beim *Carver One* ist mit der einfachen, beschriebenen Technik nicht möglich. Dadurch entsteht aber auch kein unangenehmes Gefühl in der Kurve. Wie in Kap. 8 und 16 gezeigt, wird die Stabilität durch die Verwendung des Schwungrads als Hybridantrieb erheblich vergrößert.

## 8. Der mechanische, leistungsfähige Hybridantrieb

Hier werden zwei verschiedene mechanische Hybridantriebe beschrieben.

Beide speichern die Energie mechanisch. Ihr technischer Aufwand und ihr Gewicht ist geringer als der bekannte, elektrische Hybridantrieb. Er benötigt bekanntlich mindestens einen sehr kräftigen, elektrischen Generator-Motor, eine starke, schwere Batterie zur Speicherung der elektrischen Energie und eine aufwendige Leistungs-Steuerung.

## 8.1   Der Schwungrad-Hybridantrieb

Dieser Hybridantrieb besteht aus einem Verbrennungsmotor und einem Schwungrad, Bild 63. Der Verbrennungsmotor hat eine Leistung von 10 KW. Das Schwungrad hat eine maximale Energie von 1 000 KWsec. Der Verbrennungsmotor und /oder das Schwungrad treiben die Antriebsräder gemeinsam oder im Wechsel an. Das Schwungrad bremst das Fahrzeug, indem es beim Bremsen die gewonnene Bremsenergie im Schwungrad speichert. Zur Kopplung von Schwungrad, Motor und Antriebsräder werden zwei variable Planetengetriebe G1, G2 und bis zu 3 Kupplungen K1, K2, K3 verwendet. Die Übersetzungen der Planetengetriebe werden von einem Computer gesteuert. Die Fliehkraft-Kupplung K3 wird nur zum Anfahren benötigt. Sie kann bei einem sanften Anfahren des variablen Getriebes G2 entfallen.

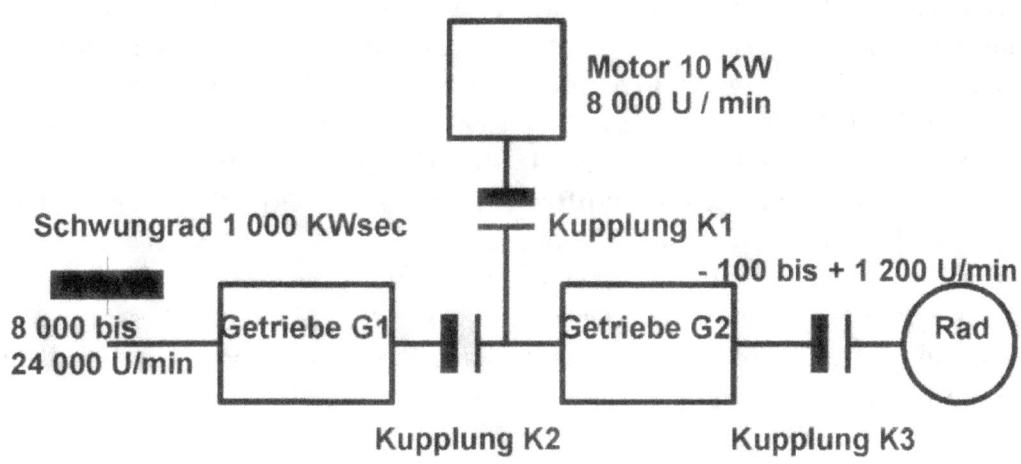

Bild 63  Hybridantrieb mit Verbrennungsmotor und Schwungrad

Im Puls-Pausen-Betrieb treiben im Wechsel einmal der Verbrennungsmotor das Fahrzeug an und dann wieder das Schwungrad. Während der Verbrennungsmotor antreibt, wird die nicht zum Antrieb erforderliche Leistung im Schwungrad voll gespeichert ( Puls ). Ist die maximale Drehzahl des Schwungrads erreicht, die Energie des Schwungrads z.B. 1 000 KWsec, so wird der Verbrennungsmotor gestoppt. Das Schwungrad treibt jetzt das

Fahrzeug solange, bis die Energie des Schwungrads z.B. auf 100 KWsec gefallen ist ( Pause ). Danach übernimmt wieder der Verbrennungsmotor den Antrieb ( Puls ). Dabei regelt der Computer die Übersetzungen der beiden variablen Getriebe so, dass jederzeit mit dem Schwungrad gebremst oder angetrieben werden kann. Bei einer Geschwindigkeit von 50 km /h werden zum Fahren ca. 0,5 KW aufgewendet, siehe Kap. 13. Die restlichen 9,5 KW werden im Schwungrad gespeichert. Das Schwungrad wird dabei innerhalb 100 sec vom Verbrennungsmotor aufgeladen ( Puls ). Mit dieser Energie fährt das 1 Liter-Auto ohne Abgase 30 min lang, völlig geräuschlos, mit 50 km /h weiter. Das reicht für eine Fahrt von ca. 25 km - also durch die gesamte Stadt. Der *Prius II* fährt Batterie betrieben nur ca. 4 km. Bei einer Geschwindigkeit von 100 km /h werden zum Fahren 4 KW aufgewendet. Mit den restlichen 6 KW wird das Schwungrad aufgeladen ( Puls ). Diese Energie reicht um weitere 6 km mit 100 km /h, 3 min. lang, nur mit dem Schwungrad zu fahren ( Pause ). Der Kraftstoff sparende Puls-Pausen-Betrieb wirkt mit dem Schwungrad bis zur Höchstgeschwindigkeit von 120 km /h.

Um den Verbrennungsmotor mit maximaler Leistung immer im Betriebspunkt mit minimalem Verbrauch betreiben zu können, werden zwei variable Getriebe verwendet. Der Verbrennungsmotor läuft dabei immer mit konstanter Drehzahl, z.B. 8 000 U /min, bei minimalen Kraftstoffverbrauch. Das variable Getriebe G1 regelt die Drehzahl des Schwungrads so, dass mit dem Schwungrad sofort angetrieben oder gebremst werden kann. Das variable Getriebe G2 regelt die Geschwindigkeit der Antriebsräder. Die beiden variablen Getriebe teilen sich unter Einsatz der Kupplungen diese Aufgabe. Als variable Getriebe kommen schlupffreie, leicht steuerbare Planeten-Getriebe mit hohem Wirkungsgrad zum Einsatz, Bild 72 von Kap. 10. In Kap. 5 wurde gezeigt, dass diese Kombination von Verbrennungsmotor und Schwungrad nicht nur die preiswertere Lösung darstellt, sondern auch den besseren Wirkungsgrad und die größere Leistung bietet. Diese Lösung ist daher nicht nur für das 1 Liter-Auto geeignet.

### 8.1.1 Schwungrad

Die Achse des Schwungrads steht immer senkrecht. Weil der Schwerpunkt des Schwungrads etwas unterhalb des Gelenkes liegt, stabilisiert es sich schnell selbst. Dieses Gelenk Lu erlaubt die Neigung, Bewegung des Fahrzeugs, ohne die Achse des Schwungrads selbst zu beeinflussen, Bild 64. Dieses gelenkige Lager ist bei der Realisierung besonders wichtig. Die Achse des Schwungrads wird so auch beim Antreiben und Bremsen des Schwungrads nicht verändert. Das obere Lager Lo des Schwungrads ist dabei frei beweglich. Allerdings sollte ein Dämpfer am oberen Lager das Aufschaukeln einer Präzession des Schwungrads im Keim ersticken. Das Schwungrad mit 0,3 m Durchmesser, 5 kg aktiver Schwungradmasse, speichert bei einer Drehzahl von 40 000 U /min die Energie

$$E = m \cdot v^2 / 2 = \qquad (19)$$
$$= m \cdot \{ D \cdot 3{,}14 \cdot n / sec \}^2 / 2 =$$
$$= 5 \text{ kg} \cdot \{ 0{,}3 \text{ m} \cdot 3{,}14 \cdot 40\,000 \text{ U/min} / 60 \}^2 / 2 = 986\,058 \text{ Wsec}$$
$$= 1\,000 \text{ KWsec} = 274 \text{ Wh}$$

Bei der Betrachtung der Getriebe wird der Einfachheit halber mit 24 000 U / min gearbeitet. Die gespeicherte Energie des Schwungrads wird nur mit hochfestem Material erreicht. Mit Stahl sind nur 70 Wh möglich, mit Kohlefasern immerhin bis 600 Wh. Die Energie von 274 Wh ist bezogen auf das Gewicht des 1 Liter-Autos, größer als die gespeicherte Energie im *PRIUS II* von TOYOTA. Die gespeicherte Energie des Schwungrads von 1 000 KWsec ist für das 1 Liter-Auto üppig ausgelegt. Sie kann verdoppelt werden.

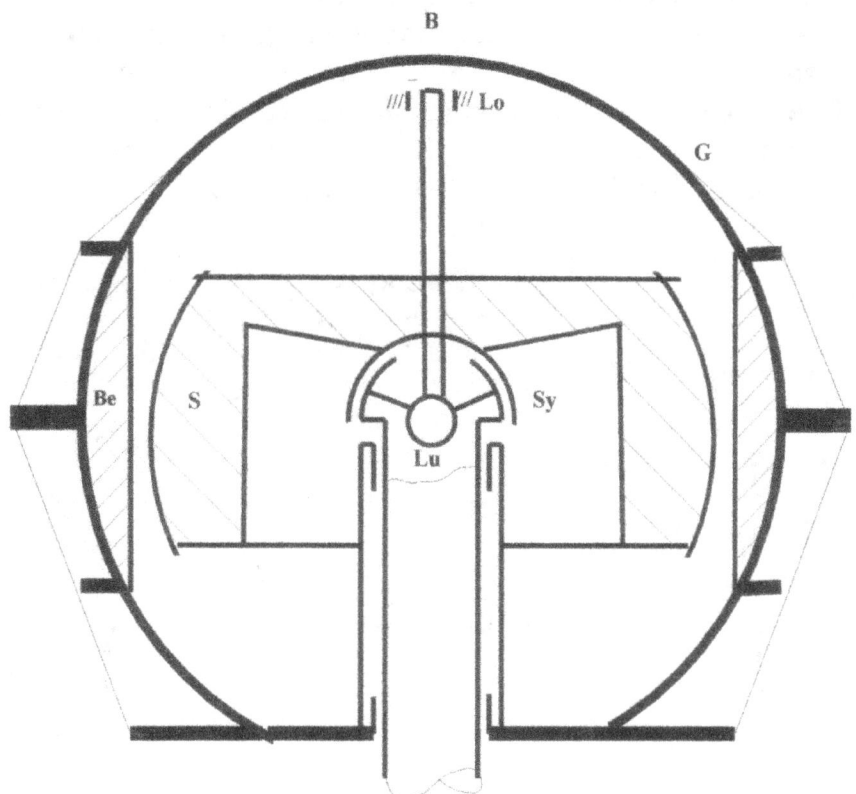

Bild 64   Schwungrad S im Vakuum dichten Gehäuse G mit Berstring Be, Synchronantrieb Sy und Bremse B.

Das Schwungrad S läuft in einem leichten, stabilen, vakuumdichten Gehäuse G z.B. aus Alu. Das Vakuum ist zur Reduktion der Reibungsverluste erforderlich, weil das Schwungrad mit 2 facher Schallgeschwindigkeit rast. Um 1000 KWsec speichern zu können wird das Schwungrad S aus Kohlefasern hergestellt. Zur Lagerung Lu, Lo des Schwungrads und der Antriebswelle werden Magnetlager verwendet. Sie haben keine Reibung und benötigen keinerlei Schmierung. Beide wirken als Drucklager magnetisch gegeneinander. Die Kopplung von Antriebswelle und Schwungrad erfolgt mit Dauermagneten ebenfalls magnetisch. Diese Dauermagnete des Schwungrads und der Antriebswelle bilden zusammen den Synchronantrieb Sy. Das untere Magnetlager Lu bildet mit dem Synchronantrieb Sy zusammen ein reibungsloses, magnetisches Kugelgelenk. Dieses Kugelgelenk stellt technisch eine besondere Herausforderung dar. Wird das zulässige Moment dieses Synchronantriebs Sy überschritten, so wird die Kopplung von Antriebswelle und Schwungrad unterbrochen. Das Schwungrad läuft weitgehend ungebremst weiter. Das obere Magnetlager Lo hält mit dem unteren Lager Lu das Schwungrad in seiner Position. Beim üblichen Betrieb hat es sonst keine Aufgabe, es läuft frei mit. Erst wenn das Schwungrad S eine Eigenschwingung, Präzession, erzeugt oder die Neigung des Fahrzeugs zur Stabilisierung in der Kurve nicht mehr ausreicht, wird das obere Lager Lo aktiv. Zur Erhöhung der Sicherheit ist in dem Gehäuse G ein Berstring Be ebenfalls aus Kohlefasern eingebracht. Im Falle eines Crashs zerstäuben die Kohlefasern von Schwungrad S und Berstring Be völlig ungefährlich zu Pulver, wie ein Hersteller versicherte.

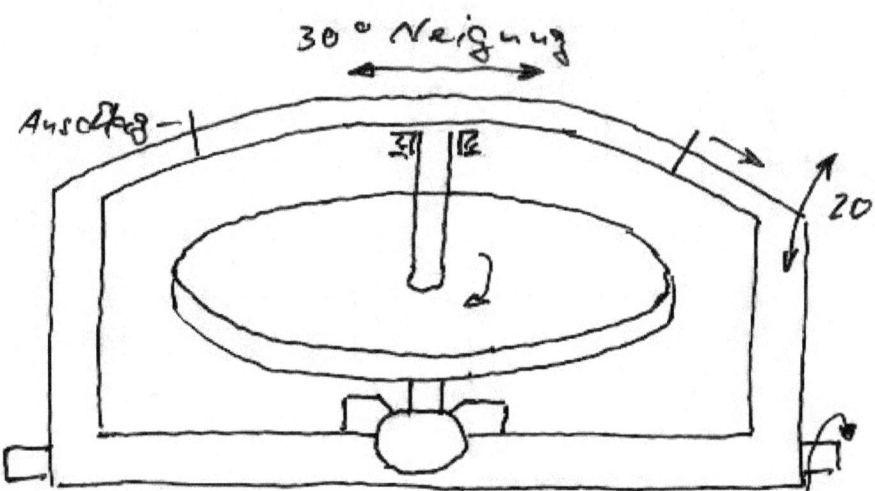

Bild 65   Das obere Lager Lo kann sich in der beweglichen Schwinge Sch frei bewegen. Es wird aber in einer zu schnellen Kurve vom Computer durch die Bremse B in der augenblicklichen Position festgehalten.

Das Schwungrad S stabilisiert sich in senkrechter Achse selbst. Das obere Lager Lo des Schwungrads ist völlig frei. Es wird zur Lagerung des Schwungrads in der beweglichen Schwinge Sch genutzt. Diese Schwinge Sch lässt dem Schwungrad S die Bewegungsfreiheit zur Neigung des Fahrzeugs von 30° und einer Bergfahrt von 20 %, ohne dass die senkrechte Achse des Schwungrads beeinflusst wird, Bild 65. Das Aufschaukeln von Eigenschwingungen des Schwungrads, auch Präzession genannt, wird unterdrückt, indem die Bremse B die langsame, kreisende Bewegung des oberes Lagers Lo in der Schwinge Sch geeignet bremst, Bild 65. Das ist außerordentlich wichtig, weil sonst eine störende, wechselnde Stabilität entsteht. Die kinetische Energie des Schwungrads kann schnell geladen oder entladen werden. Das Schwungrad kann dadurch stark beschleunigen und bremsen. Die rotierende Masse des Schwungrads hat eine sehr stabile Achse. Diese Stabilität wird dazu genutzt, mit dem Schwungrad vorübergehend auch das gesamte Fahrzeug zu stabilisieren. Das kann notwendig sein, wenn in Kurven eine kritische Querbeschleunigung überschritten wird. Der Computer erkennt das und hält mit der blockierenden Bremse B die Schwinge Sch und das obere Lager Lo des Schwungrads in der augenblicklichen Stellung vorübergehend fest. Diese Blockierung des oberen Lagers erfolgt nur wenige Sekunden. Gerade solange bis diese zu schnelle Kurve umfahren ist. Das Schwungrad S stabilisiert so das gesamte 1 Liter-Auto. Das gibt zusätzliche Sicherheit, ein Umkippen wird vermieden.

### 8.1.2 Antriebsstrang

Das Schwungrad ist mit dem Verbrennungsmotor über das variable Getriebe G1 fest verbunden. Das variable Getriebe G2 verbindet den Verbrennungsmotor mit dem Antriebsrad. Schwungrad und Verbrennungsmotor bilden mit den beiden variablen Getrieben einen kompakten Antriebsstrang, welcher universell verwendet werden kann. Im Bild 66 wird im Antriebsstrang das Variomatik-Riemengetriebe G2 verwendet. Das Schwungrad wird dabei nur symbolisch dargestellt. Das Schwungrad wird über das nicht dargestellte Getriebe G1 angetrieben. Die Übersetzung des Getriebes G1 kann fest oder variabel sein. Bei einer festen Übersetzung muss die Drehzahl des Verbrennungsmotors variiert werden. Dies führt wie in Kap. 5 beschrieben zu Drosselverlusten und einem geringeren Wirkungsgrad.

Das Schwungrad könnte auch unterhalb dem Motor hängend angebracht sein. Das würde im Falle eines Crashs ein Absprengen des Schwungrads erleichtern. Bei einem Crash wird das Schwungrad abgesprengt und in einem sicheren Abstand vom 1 Liter-Auto festgehalten.

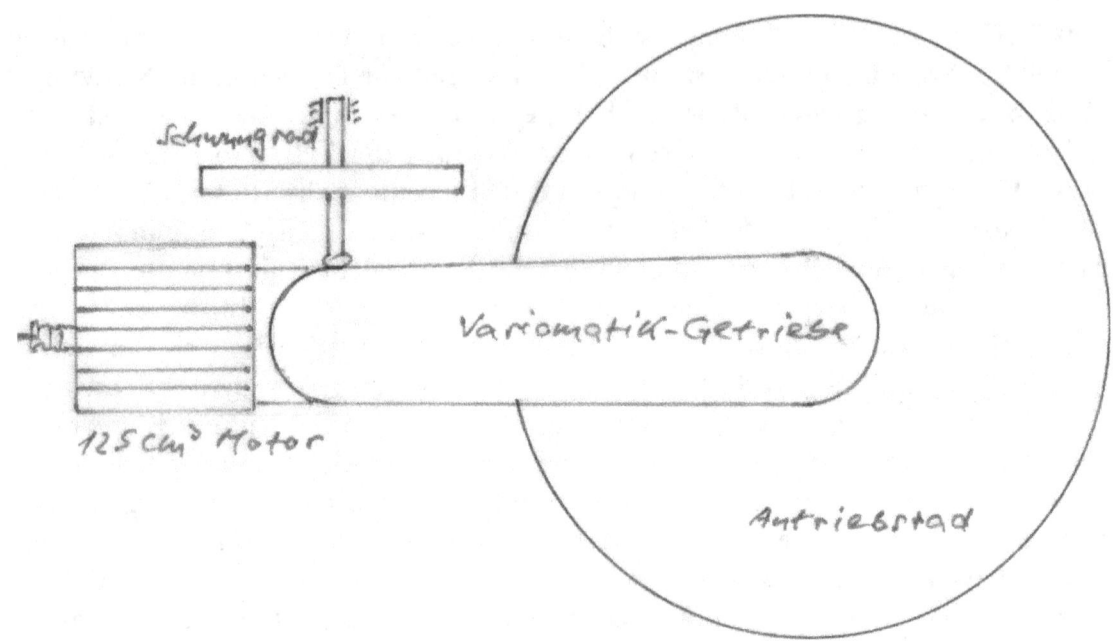

**Bild 66** Antriebsstrang aus Verbrennungsmotor und Variomatik-Riemengetriebe mit symbolisch dargestellten, ungeschützten Schwungrad

Werden die variablen Getriebe G1, G2 wie in Bild 72 verwendet, so wird ein deutlich höherer Wirkungsgrad erzielt. Dabei arbeitet der Verbrennungsmotor am besten immer mit Volllast bei Nenndrehzahl. Der Kraftstoffverbrauch des Verbrennungsmotors muss bei dieser Drehzahl optimiert werden. Dabei kann ein vorhandener, erweiterter Rollermotor zum Antrieb des Schwungrads genutzt werden.

Die große, gespeicherte Energie des Schwungrads birgt Risiken in sich. Um zu vermeiden, dass bei einem Steuerungsfehler des Getriebes, einem Crash, irgend welche Schäden entstehen können, wird die Verbindung zum Schwungrad durch den Synchronantrieb Sy selbsttätig getrennt. Wird das Kippmoment des Synchronantriebs Sy überschritten, wird die mechanische Verbindung zum Schwungrad automatisch unterbrochen. Zusätzlich wird im Falle eines schweren Crashs beim Zünden der Airbags auch das Schwungrad und dessen Energie vorsorglich kontrolliert zerstört, wodurch Schwungrad S und Berstring Be zu Pulver zerstäubt werden. Zusätzlich kann das Schwungrad abgesprengt und in sicheren Abstand zum 1 Liter-Auto festgehalten werden.

## 8.2 Feder als Hybridantrieb

Die Feder wurde bereits in der Antike in Wurfmaschinen, später in der Armbrust und der Uhr verwendet. Die Feder als Antrieb kennen wir auch aus unserer Kindheit. Bei einem Flugzeug oder einem Boot wurde der Propeller solange gedreht bis sein Gummiband gespannt war. Beim Loslassen des Propellers drehte er sich mit der im Gummiband gespeicherten Energie einige Zeit - das Flugzeug flog scheinbar aus eigener Kraft. Auf Flugzeugträgern greift der Schlepphaken eines landenden Flugzeugs in ein quer gespanntes, gefedertes Seil. Auf diese Weise wird der Bremsweg des Flugzeugs erheblich verkürzt. Die Landebahn, der gesamte Flugzeugträger, kann kleiner sein. Beim Hybridantrieb mit Feder werden diese beiden Anwendungen kombiniert. Beim Bremsen des Fahrzeugs wird die Bremsenergie in eine Feder gespeichert. Beim Starten des Fahrzeug wird diese Bremsenergie freigegeben und zum Beschleunigen wiederverwendet. Der Hybridantrieb mit Federspeicher benötigt nur wenige technische Änderungen am Fahrzeug. In die Motorsteuerung muss eingegriffen werden, um den Start-Stopp-Betrieb an den bzw. die Federspeicher anzupassen.

Fig. 67 zeigt einen Hybridantrieb mit einer Spiralfeder S, welche in einer Felge F angeordnet ist. Die Nabe N verbindet die Felge F wie bekannt mit den Speichen Sp. Das eine Ende Sa der Spiralfeder S ist an der Felge F befestigt. Die Bremsnabe B wird unabhängig von der Nabe N drehbar gelagert. Das andere Ende Sb der Spiralfeder S ist an der Bremsnabe B befestigt.

> Beim Fahren drehen sich Felge F, Speichen Sp, Nabe N, Spiralfeder S und Bremsnabe B miteinander.

Mit dem Befehl Xa löst der Fahrer das Bremsen mit der Spiralfeder S aus. Dazu wird die Bremssperre Xs in Bild 68 eingelegt, wodurch die Bremsnabe B festgehalten wird.

> Beim Bremsen steht die Bremsnabe B. Felge F, Speichen Sp und Nabe N drehen sich miteinander. Die Spiralfeder S wird mit jeder Umdrehung der Felge F mehr gespannt und bremst dabei die Felge F.

Nach und während des Bremsens verhindert die Speichersperre Xr in Bild 68, dass die gespannte Spiralfeder S die Nabe N nicht verdreht. Bremsnabe B und Nabe N können sich durch die Speichersperre Xr nur gemeinsam drehen.

> Nach dem Bremsen drehen sich Felge F, Speichen Sp, Nabe N, Spiralfeder S und Bremsnabe B wieder miteinander. Nur dass jetzt die Spiralfeder S gespannt ist.

In der Bremsnabe B ist ein Planetengetriebe G untergebracht, Bild 67. Es besteht aus dem feststehenden Sonnenrad Gs, dem Planetenradsatz Gp und dem Außenrad Ga. Das Außenrad Ga ist mit der Bremsnabe B zentral fest verbunden. Drehen sich die Nabe N und die Bremsnabe B miteinander in Fahrtrichtung, so drehen sich die Achsen der Planetenräder ebenfalls in Fahrtrichtung, aber langsamer. Der Freilauf L in Bild 67, welcher die Achsen des Planetenradsatzes Gp und Nabe N verbinden soll, ist jetzt frei. Gibt der Fahrer mit dem Befehl Xc ein Starten oder Beschleunigen frei, so wird die Bremssperre Xs und die Speichersperre Xr in Bild 68 gelöst. Die gespannte Spiralfeder S dreht die Bremsnabe B schneller als die Nabe N. Der Freilauf L in Bild 67 greift nun in die Verzahnung und dreht die Nabe N an. Da die Drehzahl der Nabe N kleiner ist als die Drehzahl der Bremsnabe B, entspannt sich die Spiralfeder S durch die Relativbewegung mit jeder Umdrehung der Felge F, solange bis sich die Spiralfeder S völlig entspannt hat.

> Beim Starten, Beschleunigen entspannt sich die Spiralfeder S und treibt die Nabe N über das Getriebe G langsamer an als die Bremsnabe B. Die Übersetzung des Getriebes G bestimmt das Verhältnis von Bremskraft zu Antriebskraft dieses Hybridantriebs.

Bremskraft und Antriebskraft der Felge F sind durch die Dimensionierung der Spiralfeder S und des Getriebes G festgelegt. Eine Reduzierung, Regelung dieser Kräfte ist möglich. Das Bremsen der Felge F wird durch die Bremssperre Xs herbeigeführt. Wird die Bremssperre Xs zyklisch betätigt, so reduziert sich die gemittelte Bremskraft. Dasselbe gilt für die Antriebskraft der Felge F, wenn Bremssperre Xs und Speichersperre Xr zyklisch miteinander betätigt werden.

Die Speicherenergie der Spiralfeder S ist begrenzt. Sie kann nicht beliebig gespannt werden. Nach einer bestimmten Anzahl Umdrehungen der Nabe N zur stehenden Bremsnabe B muss eine weitere Speicherung von Bremsenergie verhindert werden. Die Begrenzung der Bremsenergie erfolgt z.B. durch eine Schraube und ihre Mutter. Die Schraube wird durch die Bremsnabe B verdreht. Die Mutter dreht sich mit der Nabe N und bewegt sich durch die Schraube axial. Nach z.B. 25 Umdrehungen von Nabe N zur Bremsnabe B löst die Mutter die Bremssperre Xs durch die axiale Bewegung.

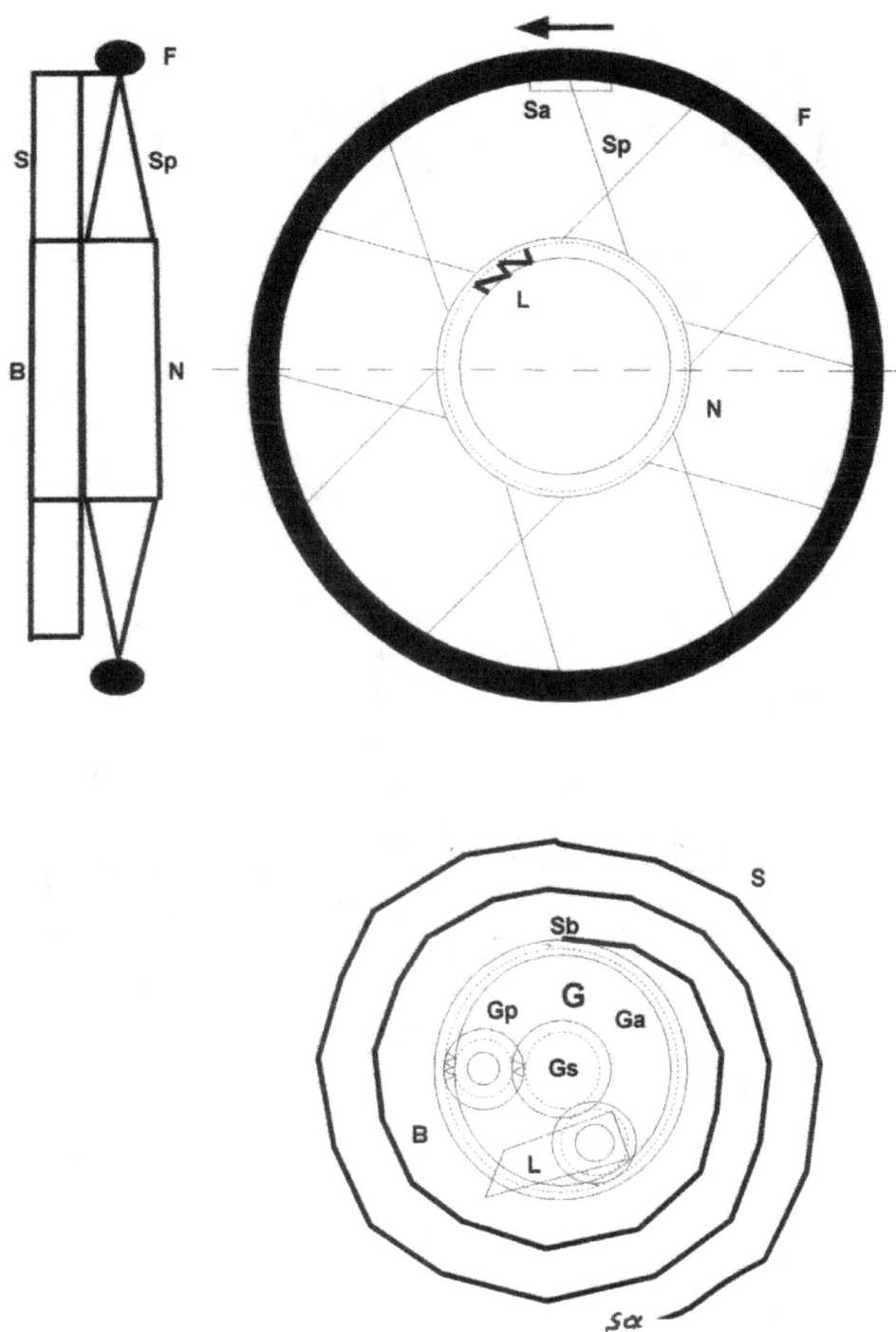

**Bild 67** Felge F, Nabe N, B, Spiralfeder S und Getriebe G zur Speicherung der Energie in der Spiralfeder S.

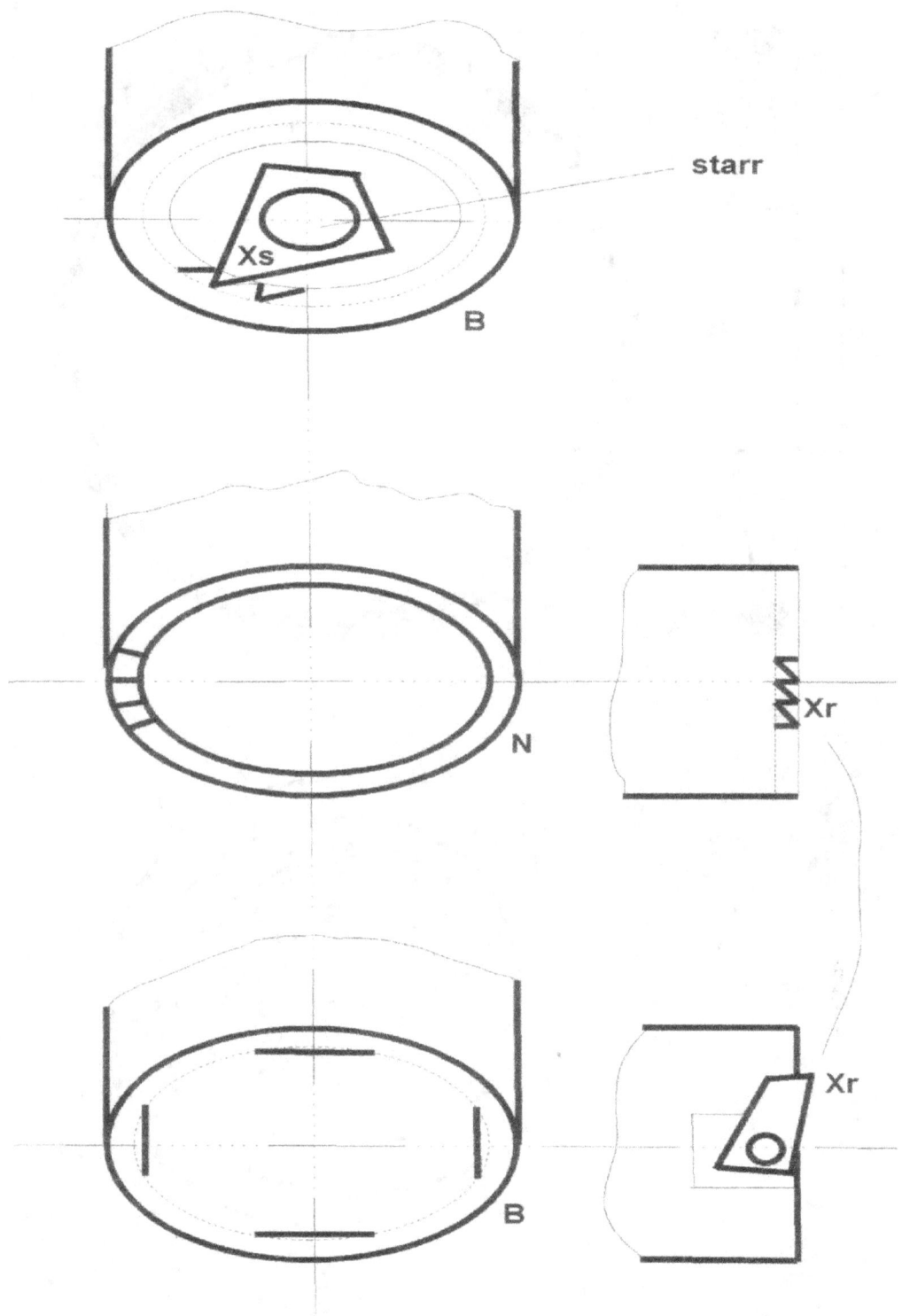

**Bild 68 Bremssperre Xs und Speichersperre Xr der Naben B und N**

Dieser Hybridantrieb hat den Vorteil, dass die Spiralfeder S mit den Naben N und B zur Steuerung in der Felge eines Fahrzeugs untergebracht werden kann. Der Wirkungsgrads dieser Energiespeicherung ist nahezu 100 %. Die Feder muss dort eingebaut werden, wo die niedrigste Drehzahl herrscht. Der Einbau dieses Hybridantrieb eignet sich besonders im Fahrrad und Fahrzeugen mit großem Felgendurchmesser. Bei Autos ist wegen dem geringeren Felgendurchmesser eine Spiralfeder in zwei Ebenen erforderlich. Die speicherbare Energie von Stahlfedern ist nicht groß genug. Das ist wohl auch der Grund, dass solche Lösungen bisher nicht realisiert wurden. Fig. 69 zeigt die Kräfte beim Bremsen und Antreiben einer Kohlefaserfeder.

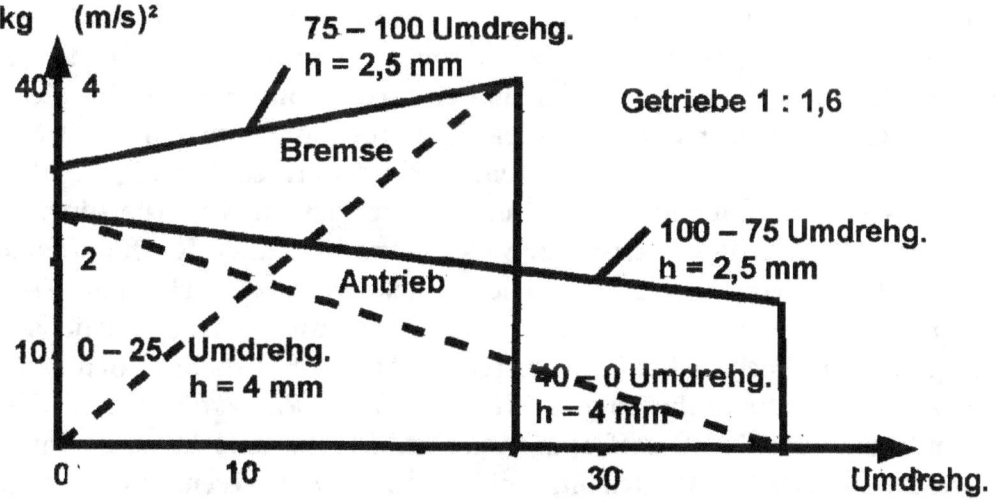

Fig. 69 Bremsen und Antreiben mit 10 mm breiter Spiralfeder als Hybridmotor, gestrichelt ohne Vorspannung, ausgezogen mit 75 Umdrehungen Vorspannung.

Bild 69 zeigt die Kräfte der Feder. Die Feder bremst dabei 25 Umdrehungen lang und treibt infolge des Getriebes 1 : 1,6 ingesamt 40 Umdrehungen lang an. Die gestrichelten Kurven sind ohne Vorspannung der Feder, die ausgezogenen mit 75 Umdrehungen Vorspannung. Die Feder kann in beiden Fällen nur 25 Umdrehungen lang bremsen. Die Beschleunigung in m /sec² gilt für einen Federantrieb in einem 28 Zoll Fahrrad mit Fahrer, bei einem Gesamtgewicht von 100 kg.

### 8.2.1  Feder als Hybridantrieb im *Carver One*
Eine Feder mit ca. 120 cm Durchmesser könnte hinter dem Motor des *Carver*

*One*, als eine Art Rucksack, angebracht sein, Bild 57. Eine gespeicherte Energie von 500 KWsec ist mit dieser großen Feder in zwei Ebenen möglich. Mit ihr ergibt sich ein einfacher, leistungsfähiger Hybridantrieb. Zur Steigerung der Anzahl Umdrehungen im Start-Stopp- und Puls-Pausen-Betrieb und zur kontinuierlichen Kraftentfaltung kann ein variables Getriebe zwischen geschaltet sein. Die Realisierung solch einer vorgespannten Feder bedarf noch einiger Bemühungen. Je nach dem Leergewicht des Fahrzeugs sind die Abmessungen der Feder zu wählen.

9.      Das intelligente, neue Gaspedal

Jeder Autofahrer weiß, dass die Fahrweise den Kraftstoff-Verbrauch beeinflusst. Fährt man hektisch und schnell, so benötigt man mehr Kraftstoff als wenn man langsam und gelassen fährt. Nichts benötigt soviel Kraftstoff wie unnötiges beschleunigen. Sparfüchse haben ihre besonderen Tricks. Sie streicheln das Gaspedal nur oder beschleunigen nur kurz, um dann mit Schubabschaltung ohne Gas überhaupt keinen Kraftstoff zu benötigen. Manche kuppeln sogar aus, stellen den Motor vorübergehend ab. Allerdings kann dabei das Lenkradschloss einrasten. So kann man wirklich Kraftstoff sparen, aber es ist anstrengend, ja gefährlich, auch weil es stark vom Verkehr ablenkt. Doch bereits die Tatsache, dass man zum Fahren Gaspedal und Bremspedal im Wechsel benötigt kostet unnötigen Kraftstoff. Nicht mal die beschriebenen Hybridfahrzeuge *PRIUS II, SUV RX 400h* von **TOYOTA** machen einem das Kraftstoff sparen leicht. Die beschriebenen, minimalen Testwerte des ADACs wurden nur mit besonderer Anstrengung der Fahrer erzielt. Damit der Fahrer solche Testwerte auch ohne Anstrengung erzielen kann, muss eine im Auto zusätzlich integrierte Intelligenz mithelfen. Damit kann fast jede gedankenlose Kraftstoff-Verschwendung unterdrückt werden. Eine besonders kraftvolle Beschleunigung ist weiterhin möglich, aber sie bedarf einer zusätzlichen, bewussten, vorherigen Entscheidung.

Das 1 Liter-Auto hat zum Fahren nur ein Pedal, das Gaspedal. Das zweite Pedal, das Bremspedal der hydraulischen Bremse ist nur im Notfall erforderlich. Das Gaspedal funktioniert in völlig anderer Weise, Bild 70. Das Gaspedal betätigt ein Widerstands-Potentiometer, auch E-Gas genannt, welches in 4 Bereiche unterteilt ist. Von links nach rechts haben wir die Bereiche Bremsen, Rollen, Tempomat und Beschleunigen. Tritt man auf das Gaspedal, passiert zunächst nichts. Erst wenn wir es soweit durchtreten, dass wir im Bereich Beschleunigen sind, fährt das Fahrzeug an. Dabei eilt im Tachometer der gestrichelte Wert des Tempomats, dem aktuellen, ausgezogenen der Geschwindigkeit voraus, Bild 70.

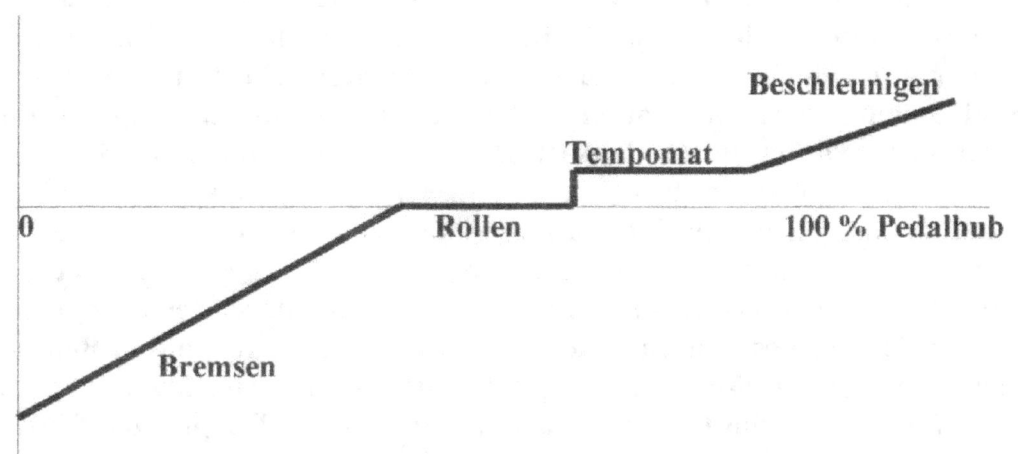

**Bild 70** Autofahren nur mit dem Gaspedal

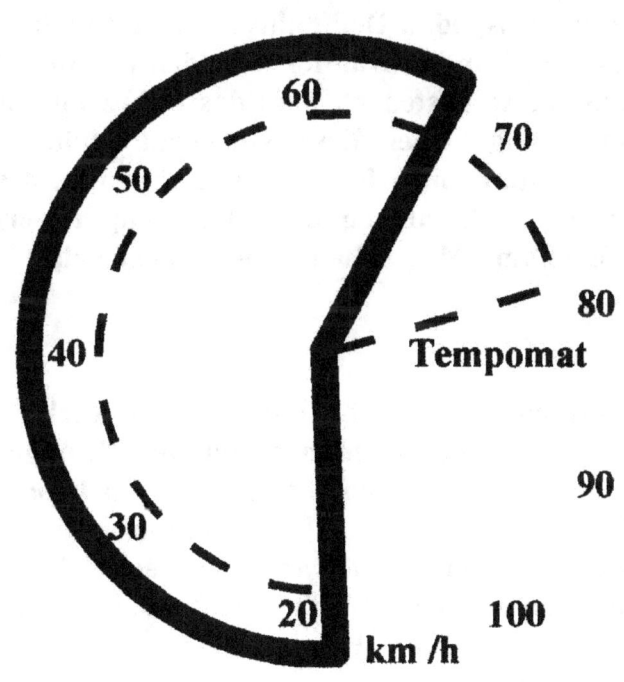

**Bild 71** Gewählte Geschwindigkeit des Tempomats gestrichelt,
die erreichte, aktuelle Geschwindigkeit ist ausgezogen.

## 9.1 Economy-Mode
Wenn der Tempomat im Display 80 km /h erreicht hat, Bild 71, nehmen wir

z.B. das Gaspedal soweit zurück, dass wir wieder im Bereich des Tempomats sind. Das Fahrzeug fährt jetzt erst mit 68 km /h. Der Computer beschleunigt aber das Fahrzeug selbstständig weiter bis die 80 km /h erreicht werden. Der Tempomat ist mit 80 km /h eingestellt und gespeichert. Die Stärke der Beschleunigung wird vom Computer begrenzt und davon abhängig, wie weit das Gaspedal vorher in den Bereich Beschleunigen getreten wurde. Fahren wir zu nahe auf den Vordermann auf, so nehmen wir das Gaspedal weiter zurück, so dass wir in den Bereich Rollen kommen und rollen nun quasi ausgekuppelt ohne Antrieb weiter, unabhängig davon ob gerade der Verbrennungsmotor oder das Schwungrad antreibt. So kontrolliert der Computer im Economy-Mode jedes Fahren, jedes Beschleunigen im Puls-Pausen-Betrieb in seiner ihm eigenen Weise. Ganz gleich mit welcher Geschwindigkeit wir fahren, immer steht das Gaspedal dabei im Bereich des Tempomats. Wird das Gaspedal vom Bereich Rollen weiter zurück genommen, so dass wir in den Bereich Bremsen kommen, so beginnt zunächst sanftes Bremsen, das mit dem weiteren zurücknehmen des Gaspedals immer stärker wird. Bei diesem Bremsen wird die Bremsenergie in das Schwungrad gespeichert. Der gespeicherte Wert des Tempomats wird gelöscht. Der Fahrer benötigt zum Fahren und Bremsen nur das Gaspedal. Der Fahrer arbeitet über das Gaspedal mit dem Computer dauernd Hand in Hand. Die beiden variablen Getriebe G1, G2 werden vom Computer so gesteuert, dass das Fahrzeug völlig ruckfrei den Befehlen des Fahrers folgt. Über dieses Gaspedal erhält der Computer die völlige Kontrolle zum sparsamen Fahren des Fahrzeugs. Als Fahrer können wir aber nicht stärker beschleunigen als es der Computer erlaubt, das macht der Computer im Economy-Mode allein. Das spart gewaltig Kraftstoff.

### 9.2 Sport-Mode

Das Gaspedal ist natürlich im Sport-Mode dasselbe. Auch hier haben wir die 4 Bereiche, Bremsen, Rollen, Tempomat und Beschleunigen. Das Gaspedal wirkt nur im Bereich des Beschleunigens anders. Im Economy-Mode ist die Beschleunigung begrenzt und sie wird vom Computer ausgeführt. Im Sport-Mode ist die Beschleunigung wiederum von der Stellung des Gaspedals abhängig. Das Gaspedal am Bodenblech bedeutet volle Beschleunigung, in ca. 5 sec von 0 auf 100 km /h. Sanftes Beschleunigen erfolgt, wenn das Gaspedal den Bereich des Tempomats nur wenig verlässt. Der Fahrer beschleunigt im Bereich Beschleunigen, bis zu der gewünschten, aktuellen Geschwindigkeit selbst, z.B. 80 km /h und kehrt erst dann in den Bereich Tempomat zurück. Damit wird der Tempomat eingestellt, gespeichert und diese Geschwindigkeit vom Computer gehalten. Auch hier werden im Bereich Tempomat mit dem Gaspedal alle Geschwindigkeiten im Puls-Pausen-Betrieb gefahren, sei sie 120 km /h schnell oder beim Cruisen 20 km /h langsam. Das intelligente, neue

Gaspedal hilft sowohl im Economy- als auch im Sport-Mode beim Kraftstoff sparen. Im Economy-Mode wird der Kraftstoff ohne weiteres Zutun des Fahrers gespart. Im Sport-Mode, beim sportlichen Beschleunigen wird mehr Kraftstoff benötigt. Beim Bremsen wird ein Teil dieser Energie wieder im Schwungrad gespeichert. Das Pause-Puls-Verhältnis ist von der Geschwindigkeit abhängig.

$$\text{Stadtfahrt} < 55 \text{ km/h} \qquad \text{Pause : Puls} \sim 20 : 1,$$
$$\text{Fernfahrt} > 100 \text{ km/h} \qquad \text{Pause : Puls} \sim \phantom{0}1 : 1$$

Das elektronische Gaspedal, der Tempomat, der Start-Stopp- und Puls-Pausen-Betrieb wirken bei beiden Betriebsarten Kraftstoff sparend. Das Gaspedal gewährleistet mit dem Computer zusammen, die Steuerung der beiden variablen Getriebe, in optimaler, völlig ruckfreier Fahrweise. So ist die Mensch-Maschinen-Kommunikation perfekt.


10.     Das schlupffreie, automatische Getriebe

Als variables Getriebe werden im 1 Liter-Auto zwei Planeten-Getriebe, ähnlich wie bei TOYOTA *PRIUS* verwendet. Deren Übersetzung wird aber gesteuert, indem die Drehzahl des Planetenradsatzes genau kontrolliert, selbsthemmend angetrieben wird, Bild 72. Der Planetenradsatz weicht durch das übertragene Drehmoment etwas aus, wodurch die erforderliche Antriebsleistung des Planetenradsatzes zur Steuerung der Übersetzung reduziert wird. Die Selbsthemmung könnte dabei auch elektronisch variiert werden. Schlupf kennt dieses variable Getriebe nicht.

Die beiden Planetengetriebe sind vom Schwungrad zum Radantrieb in Reihe geschaltet, Bild 73. Dabei bestimmt das variable Getriebe G1 die Drehzahl des Schwungrads, das variable Getriebe G2 die Geschwindigkeit des Fahrzeugs. Die Drehzahl am Verbrennungsmotor wird auf Nenndrehzahl konstant gehalten, z.B. 8 000 U/min. Gleichgültig ob die Kupplung zum Motor geschlossen ist oder der Motor steht. Die beiden variablen Getriebe G1, G2 teilen sich so die Aufgabe. Die Übersetzungen der beiden variablen Getriebe werden dauernd an die augenblicklichen Drehzahlen von Schwungrad, Motor, Antriebsrad mit dem Computer und seinen Sensoren angepasst. Die beiden Übersetzungen der Getriebe G1 und G2 sind vom Computer immer optimal eingestellt.

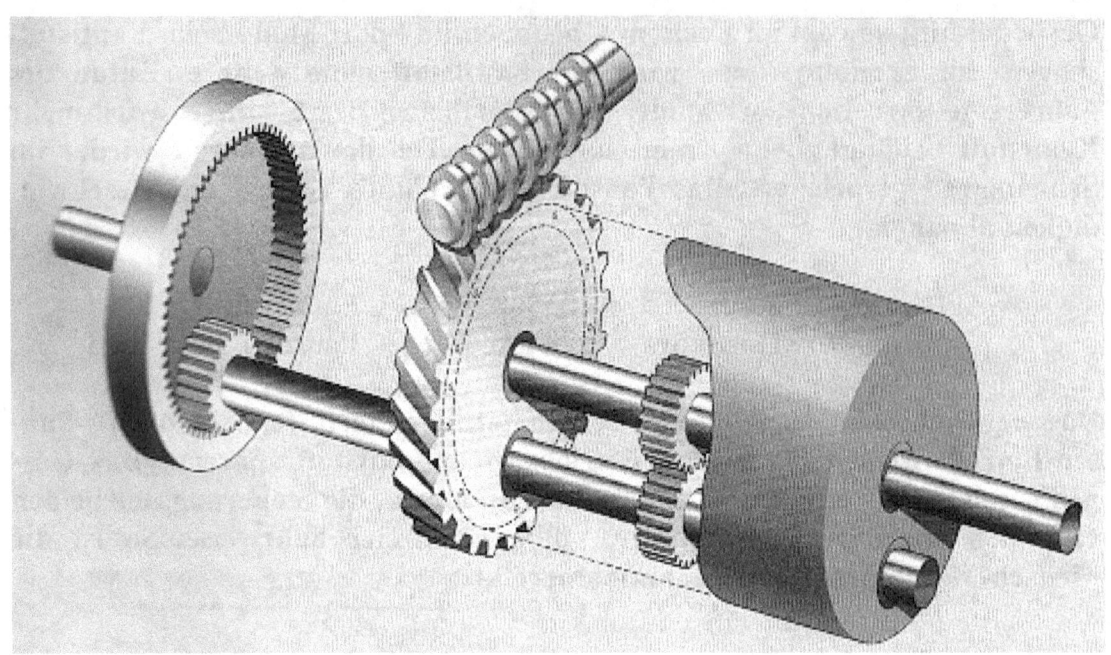

**Bild 72** Planetengetriebe mit steuerbarer Übersetzung durch die Schnecke, Automotive Design 5 /2005 nach Myers USA.

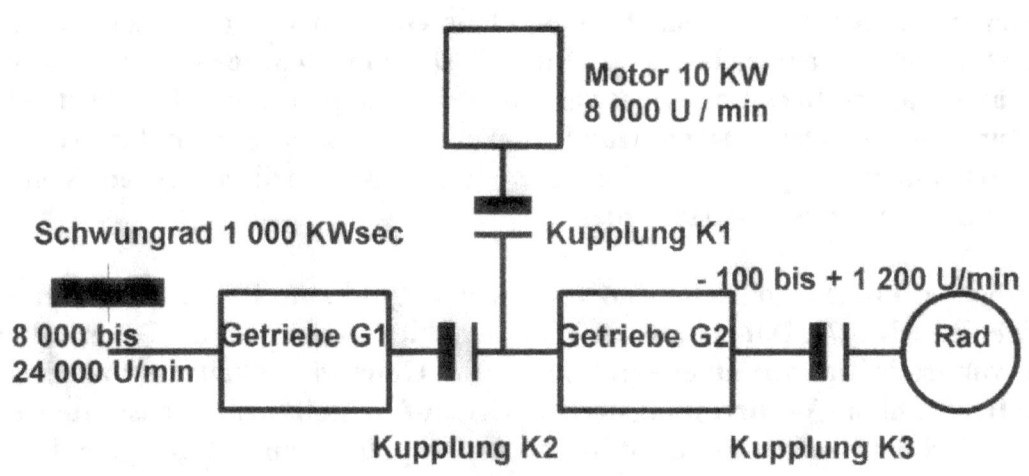

**Bild 73** Antriebsstrang des Hybridmotors mit Schwungrad

## 11. Die Regelung der Übersetzung per Computer

Bei der Verwendung eines Variomatik-Getriebes, Bild 74, wie es in Motorrollern üblicherweise verwendet wird, muss vor dem Einkuppeln ein Regelprozeß stattfinden, welcher durch Verstellung der Riemenscheiben einen weitgehenden Gleichlauf auf beiden Seiten der Kupplung herstellt. Bei diesem Regelprozeß misst der Computer die Drehzahlen auf beiden Seiten der Kupplung und verstellt den Abstand einer Riemenscheibe solange bis die Drehzahlen übereinstimmen. Die zweite notwendige Riemenscheibe stellt ihren Abstand mit ihrer Feder und der Riemenspannung automatisch ein. Erst dann kann die Kupplung ruckfrei schließen. Der Variomatik-Riemenantrieb lässt einem geringen Schlupf zu. Dieser Prozess erfordert natürlich etwas Zeit.

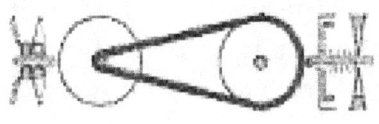

langsame Geschwindigkeit

mittlere Geschwindigkeit

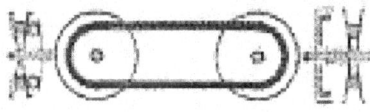

Höchstgeschwindigkeit

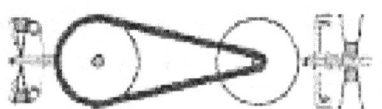

Beim Planeten-Getriebe Bild 72 ist zur Einstellung der Übersetzung kein Regelprozess erforderlich. Der Computer kennt durch seine dauernde Messung die bestehenden Drehzahlen vor und nach der Kupplung. Mit einer einfachen Rechnung bestimmt er die erforderliche Drehzahl, mit welcher der Planetenradsatz drehen muss, um diese Übersetzung herzustellen. Der Computer gibt dem steuernden Synchronmotor, welcher den Planetenradsatz steuert, die entsprechende Frequenz aus. Danach kann die Kupplung ruckfrei geschlossen werden. Diese Motorsteuerung kann wahrscheinlich ein einziger 8051 Microcontroller mit integriertem Motor-Control-Algorithms von International Rectifier bewältigen.

**Bild 74   Herzstück eines Motorrollers ist das Variomatik-Riemengetriebe**

Nachdem die Übersetzungen der beiden variablen Getriebe G1, G2 so genau eingestellt werden können, kann man auf die Kupplungen K2, K3 verzichten. Das Getriebe G2 zum Radantrieb kann so sanft anfahren, dass auch auf die Fliehkraft-Kupplung K3 völlig verzichtet werden kann. Das Getriebe G1 kann die Drehzahl des Schwungrads so genau steuern, wie wenn es frei laufen würde. Auf die Kupplung K2 kann daher auch verzichtet werden. Den Beweis hat TOYOTA im *PRIUS II* bereits erbracht. Die Kupplung K1 zum Verbrennungsmotor kann durch einen Freilauf ersetzt werden, Bild 75. Trotzdem kann das Schwungrad den Verbrennungsmotor am Berg mit beliebiger Leistung unterstützen. Wenn der Verbrennungsmotor stoppt, öffnet der Freilauf K1 selbsttätig, ohne irgendeine Steuerung. Der Antriebstrang des Hybridmotors wird so einfacher, preisgünstiger und völlig ruckfrei. Beim Ausfall der Getriebe-Regelung muss allerdings sichergestellt werden, dass das Schwungrad frei läuft. Hierzu unterbricht der Synchronantrieb Sy im Schwungrad notfalls den weiteren Antrieb selbsttätig.

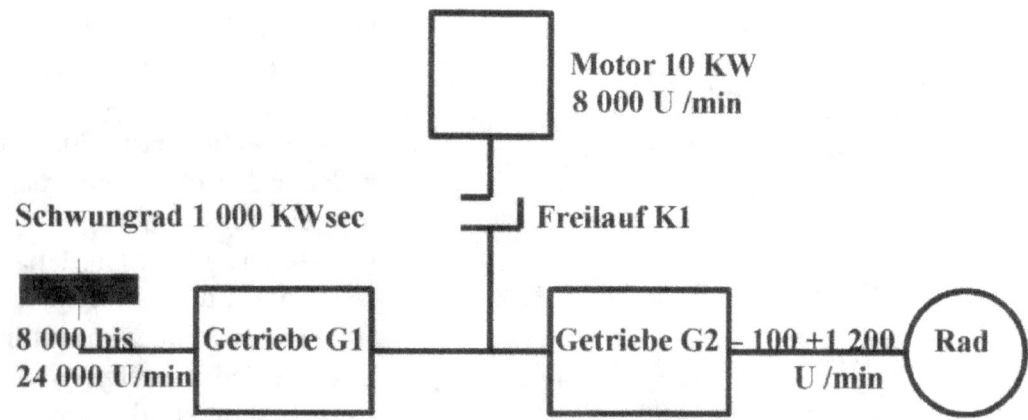

Bild 75   Antriebsstrang des Hybridmotors ohne Kupplung

## 11.1   Steuerung der Übersetzung G1 zum Schwungrad

Der Ottomotor arbeitet z.B. bei 8 000 U /min in Vollast mit seinem besten Wirkungsgrad. Das Schwungrad mit 50 cm Durchmesser hat bei 24 000 U /min seine höchste gespeicherte Energie, 1 000 KWsec. Wird der Planetenradsatz G1 festgehalten und sind Sonnenrad und Planetenrad wie im Bild 72 gleich groß, so ist die Übersetzung 1 : 3. Die Kupplung kann ruckfrei geschlossen werden.

Dreht der Planetenradsatz mit 2 000 U /min in die gleiche Richtung,
so dreht das Planetenrad mit    3 ( + 8 000 – 2 000 ) U/min = + 18 000 U /min.
Der Schwungradantrieb hat        ( – 18 000 + 2 000 ) U /min = – 16 000 U /min.

Wird der Planetenradsatz mit + 6 000 U /min angetrieben,
so dreht das Planetenrad mit    3( + 8 000 – 6 000 ) U /min= + 6 000 U /min.
Der Schwungradantrieb steht        (– 6 000 + 6 000 ) U /min =   0 U /min.

Der Computer bestimmt die Übersetzung des variablen Planetengetriebes G1 zum Schwungrad Bild 75 vom Stillstand bis 24 000 U /min. Mit der folgenden Gleichung der Drehzahlen,

$$\text{Schwungrad} = 3 \cdot \text{Motor} - 4 \cdot \text{Planetenradsatz}, \qquad (26)$$

verstellt der Computer die Drehzahl des Synchronmotors und damit die Übersetzung, auf die Kupplung K2 verzichtet werden, Bild 75. Die Steuerdrehzahlen des Planetenradsatzes liegen zwischen 4 000 und 0 U /min, wenn die Drehzahl des Schwungrads 8 000 bis 24 000 U /min beträgt. Beim Beschleunigen im Sport-Mode wird der Steuerradsatz entsprechend abgebremst. Beim ersten Anfahren und Beschleunigen des Schwungrads aus dem Stillstand, von 0 bis 8 000 U /min, wird die Drehzahl des Verbrennungsmotors vorübergehend gedrosselt. Damit vermeidet man höhere Steuerdrehzahlen des Getriebes G1. Beim Abstellen des Fahrzeugs läuft das Schwungrad mit seiner geringen Reibung über Stunden langsam ungenutzt aus. Es ist daher wichtig, dass ein Großteil der gespeicherten Energie des Schwungrads auf der Fahrt zum Ziel aufgebraucht wird.

## 11.2    Steuerung der Übersetzung G2 zum Antrieb

Der Computer bestimmt in gleicher Weise die Übersetzung G2 zum Radantrieb, Bild 75. Hier gilt für die Drehzahlen, weil das Getriebe umgekehrt genutzt wird:

$$\text{Radantrieb} = \text{Motor} /3 - \text{Planetenradsatz} \cdot 4 /3 \qquad (27)$$

Danach kann die Kupplung ruckfrei geschlossen werden. Der Vorteil dieses variablen Planetengetriebes G2 ist, dass es sogar zum Rangieren den Rückwärtsgang ersetzt. Durch den sanften Anlauf des variablen Getriebes G2 kann auf die Fliehkraft-Kupplung K3 verzichtet werden. Die Steuerdrehzahlen des Planetenradsatzes liegen zwischen 2 000 und 1 100 U /min, wenn die Drehzahl der Antriebsräder 0 bis 1 200 U /min, bzw die Geschwindigkeit 0 bis 120 km /h betragen. Auch hier wird der Planetenradsatz beim Beschleunigen im Sport-Mode abgebremst. Bei einer Steuerdrehzahl über 2 000 U /min fährt das Fahrzeug rückwärts.

Durch die Arbeitsteilung der beiden variablen Getriebe G1, G2 und die Änderung deren Übersetzung ohne nennenswerten Verzug ist auch die

Reaktionszeit zum Bremsen und Beschleunigen klein. Eine wichtige Voraussetzung für ein modernes, sportliches Fahrzeug, wie dieses 1 Liter-Auto.

## 12. Der Computer spart den Kraftstoff

Beim täglichen Auto fahren geben wir oft unnötig Gas und bremsen nicht immer vorausschauend genug. Das passiert mit dem 1 Liter-Auto natürlich auch. Der Verbrennungsmotor verbraucht unnötig viel Kraftstoff obwohl wir uns im Mittel kaum schneller fortbewegen. Um dies zu vermeiden sorgt der Computer dafür, dass

> bei jedem Gas wegnehmen der Antrieb, Motor unterbrochen wird,
> bei jedem Anhalten der Antrieb, Motor abgeschaltet wird,
> beim Gas geben der Antrieb antreibt, bei Bedarf der Motor startet,
> beim Bremsen die Bremsenergie im Schwungrad gespeichert wird,
> der sparsame Puls-Pausen-Betrieb mit Tempomat dauernd wirkt,
> starkes Beschleunigen im Economy-Mode vermieden wird.

Darüber hinaus ist das 1 Liter-Auto mit dem Fahrer zusammen lernfähig.

> Er weiß aus Erfahrung wie viel Energie noch zum Ziel nötig ist.
> Er stellt das 1 Liter-Auto auf den bevorstehenden, steilen Berg ein.

Mit einem GPS-Navigationssystem, welches auch die bevorstehenden Steigungen eines Geländes kennt, kann das 1 Liter-Auto, ohne Zutun des Fahrers, vorausdenken, Bild 76 Werbung Medion.

## 13. Kraftstoff-Verbrauch

Im 1 Liter-Auto minimiert der Computer dauernd den Kraftstoff-Verbrauch. Der Einfluss des Fahrers durch unruhiges, hektisches Gas geben, Bremsen wird weitgehend ausgeschlossen. Dabei wird das 1 Liter-Auto unentwegt von dem regelnden Tempomat gesteuert. Der Kraftstoff-Verbrauch ist jedoch nicht nur vom Fahrer abhängig. Die Form und das Gewicht des Fahrzeugs haben großen Einfluss, wie wir bereits in Kapitel 3 und 5 erahnten. Aus diesem Grund sollen diese Einflüsse hier näher untersucht werden.

### 13.1 Luftwiderstand

Die Luft ist unsichtbar, also kann ihr Einfluss nicht wesentlich sein, könnte man meinen. Wenn wir gehen oder joggen merken wir davon wenig. Erst beim Radfahren, so ab 30 km/h, wird ihr Einfluss deutlich. Das hat seinen Grund. Der Luftwiderstand steigt mit dem Quadrat der Geschwindigkeit v (km/h) an. Dabei spielt die Stirnfläche A ($m^2$) des Fahrzeugs und die Stromlinienform Cw, welche die Luft verdrängt, eine entscheidende Rolle. Für die Leistung zur Überwindung des Luftwiderstands Pl gilt mit dem Gegenwind vo (km/h):

$$Pl = 12{,}9 \cdot A \cdot Cw \cdot v(v + vo)^2 / 1\,000\,000 \text{ in KW} \qquad (28)$$

Der Luftwiderstand ist nur durch die Stirnfläche A und die Stromlinienform Cw beeinflussbar. Die Stirnfläche A ist die größte Schnittfläche des Fahrzeugs, welche die Luft durchdringt. Sie muss klein sein und trotzdem den Passagieren genügend Platz bieten. Die Passagiere müssen daher hintereinander sitzen. Die Beispiele in Bild 77 zeigen wie sehr die Stromlinienform Cw die notwendige Leistung beeinflusst.

| Körperform | Cw-Wert |
|---|---|
| Scheibe | 1,1 |
| Kugel | 0,45 - 0,2 |
| Rotationskörper | 0,05 |

Bild 77 Einige Luftwiderstandszahlen, Cw-Werte, BOSCH Taschenbuch.

An den Beispielen sehen wir, dass Außenspiegel, offene Radkästen, Kanten, Erhebungen der Karosserie vermieden werden müssen. Nur so ist ein Cw-Wert der Stromlinienform unter 0,2 erreichbar. Das 1 Liter-Auto hat eine Stirnfläche von 0,8 m², bei einem Cw-Wert von ca. 0,16. Damit wird in Bild 78 mit 0,5 KW Antriebsleistung eine Geschwindigkeit von 63 km /h erreicht. Mit dieser kleinen Leistung wird eine beachtliche Geschwindigkeit erzielt. Aber eine geringe Steigung, eine größere Zuladung, beeinflussen die Geschwindigkeit stark. Im zügigen Verkehr ist das nicht akzeptabel. Das 1 Liter-Auto muss die Geschwindigkeit auch an Steigungen halten und jederzeit an den fließenden Verkehr anpassen können. Dazu ist eine ausreichende Leistungsreserve nötig. Das intelligente Gaspedal hält mit dem Tempomat die Geschwindigkeit und stellt ohne besondere Umstände eine andere Geschwindigkeit ein.

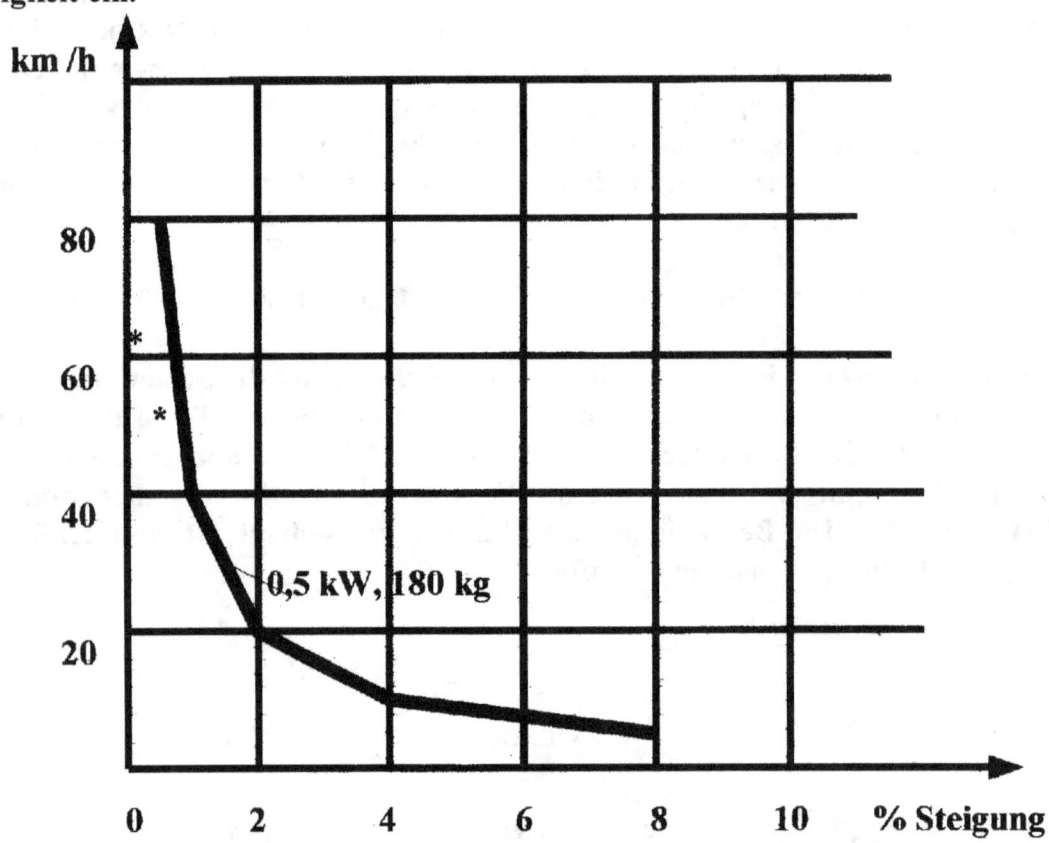

Bild 78   Geschwindigkeit gepunktet, bei 0,5 KW Antriebsleistung.

Das 1 Liter-Auto benötigt bei 50 km /h zur Überwindung des Luftwiderstands die Leistung Pl, welche auch ein sportlicher Radfahrer aufbringt.

$$Pl = 12,9 \cdot 0,8 \text{ m}^2 \cdot 0,16 \cdot (50 \text{ km /h})^3 / 1\,000\,000 = 0,21 \text{ KW} \qquad (29)$$

## 13.2 Rollwiderstand

Der Rollwiderstand entsteht durch die Formänderungsarbeit an den Reifen und der Fahrbahn. Er ist um so kleiner je größer der Luftdruck der Reifen und der Reifendurchmesser ist. Bei hohen Luftdruck sollte die Federung weicher sein. Für die Leistung Pr zur Überwindung des Rollwiderstands gilt mit dem Gewicht G = 180 kg des Fahrzeugs mit Fahrer,

$$Pr = 0{,}013 \cdot G \cdot v / 36\,000 \text{ in KW} \tag{30}$$

Das 1 Liter-Auto benötigt zur Überwindung des Rollwiderstands bei 50 km /h

$$Pr = 0{,}013 \cdot 180 \text{ kg} \cdot 50 \text{ km /h} / 36\,000 = 0{,}003 \text{ KW} \tag{31}$$

Die Leistung Pr zur Überwindung des Rollwiderstands wächst nur proportional mit der Geschwindigkeit v. Die Leistung Pl zur Überwindung des Luftwiderstands wächst dagegen mit der dritten Potenz der Geschwindigkeit v. Sie ist für den Kraftstoff-Verbrauch entscheidend.

## 13.3 Steigungswiderstand

Das 1 Liter-Auto muss auch für steile Berge gerüstet sein. So ein Berg kommt bestimmt. Für die erforderliche Leistung in KW zur Überwindung einer Steigung p in % bei 180 kg Gewicht mit Fahrer gilt Bild 79.

$$Ps = G \cdot v \cdot p / 360\,000 \text{ in KW} \tag{32}$$

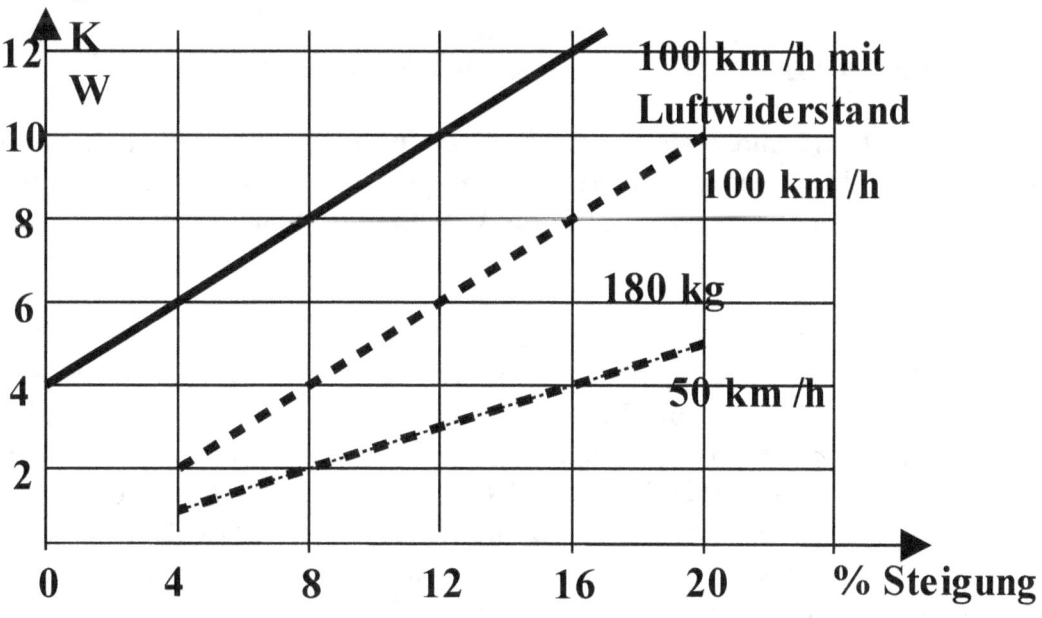

Diese Leistung Ps wird bergauf benötigt und wird bergab wieder frei. Zur zügigen Fahrt am Berg muss das 1 Liter-Auto genug Leistungsreserve haben. Die Leistung Ps ist proportional der Steigung, dem Gewicht und der Geschwindigkeit. Die Last einer zweiten Person hat beim 1 Liter-Auto einen großen Einfluss. An einem längeren, steilen Berg mit 12 % Steigung und mehr, kann es sinnvoll sein, den Verbrennungsmotor mit der Energie im Schwungrad zu unterstützen. Insbesondere wenn bergauf kraftvoll beschleunigt wird. So ist das 1 Liter-Auto jedem Berg gewachsen.

### 13.4  Abschätzung des Verbrauchs

Ein Liter Benzin hat eine gespeicherte Wärme-Energie von 8,9 KWh. Benzin hat ein spezifisches Gewicht von 0,75 kg /Liter. Der schnell laufende Ottomotor benötigt im günstigsten Betriebspunkt 245 g /KWh, der Dieselmotor 205 g /KWh, Kap. 5. Der Rest geht durch Wärme verloren.

> Der Ottomotor gewinnt aus 1 Liter Benzin 3 KWh Bewegungsenergie.
> Er hat bei Automotoren einen Wirkungsgrad von maximal ca.33 %.
> Der Rest von ca. 66 %, 5,9 KWh wird in Wärme umgesetzt.

Das 1 Liter-Auto benötigt für die Geschwindigkeit von 50 km /h  0,21 KWh
Für den Rollwiderstand benötigt das 1 Liter-Auto                 **0,01 KWh**

                                                                                          0,22 KWh
Für 100 km Fahrt bei 33 km /h im Mittel in der Stadt mal 3       0,66 KWh
mit 66 % Wirkungsgrad ergibt sich dann die Summe
                                                                                          **1,00 KWh**

**Das ergibt einen Verbrauch von ca. 0,33 Liter pro 100 km**           (33)

Die ca. 2 KWh Wärme, welche beim Fahren in der Stadt entsteht, kann zur Heizung des 1 Liter-Autos genutzt werden. Um Verluste zu vermeiden, wird der wassergekühlte Verbrennungsmotor Wärme- und Schall-isoliert.

### 13.5  Ausnutzung eines bergigen Geländes

Bei den bekannten, heutigen Hybridantrieben kann die Abfahrt eines längeren Berges nicht gespeichert werden. Die Batterie würde symbolisch überlaufen, bevor die Abfahrt zu Ende ist. Man muss also wohl oder übel einen Teil der Bremsenergie durch die Reibung des Verbrennungsmotors und die hydraulischen Bremsen durch Wärmeentwicklung vernichten. Ein Navigationssystem mit Höhenangabe zur Anpassung des Hybridantriebs an das Gelände hat also keinen Sinn, ihre Energiespeicher sind zu klein.

Das ist beim 1 Liter-Auto mit einem Schwungradspeicher von 1 000 KWsec völlig anders. Zwei Bespiele :

a)  Wir fahren einen Berg von 12 % Steigung mit 50 km /h bergab !
 Aus Bild 79 gewinnen wir + 3 KW Leistung bei 12 % Steigung.
 Für 50 km /h sind notwendig       - 0,5 KW Leistung, Bild 78.
 Also verbleiben + 2,5 KW Bremsleistung, welche gespeichert werden.
 Das Schwungrad kann 1 000 - 100 = 900 KWsec bergab speichern.
 Die maximale Bremszeit ist 900 KWsec /2,5 KW = 360 sec = 6 min.
 Die bremsbare Strecke beträgt   50 km /h . 6 min / 60 min = 5 km.
 Der Höhenunterschied beträgt       5 000 m . 12 % / 100 = 600 m.

 <u>Das 1 Liter-Auto kann die Energie von 600 m Bergabfahrt speichern !</u>

b)  Wir fahren mit 50 km /h konstant durch bergiges Gelände,
 z.B. 5 km mit 12 % bergauf, 5 km mit 12 % bergab, 25 km eben !
 Die 5 km bergauf benötigen 6 min. lang, 3,5 KW Leistung, Bild 78+79.
 Oben, ist der Speicher des Schwungrads leer,    100 KWsec.
 Nach 5 km bergab, 6 min, ist der Speicher voll, 1 000 KWsec, siehe a).
 Mit vollem Speicher 900 KWsec / 0,5 KW = 1 800 sec = 30 min
 fahren wir in der Ebene 25 km mit 0,5 KW Antriebsleistung.

 Wir fuhren nun 35 km weit und benötigten dazu für die Bergfahrt
 6 min lang 3,5 KW,     3,5 KW . 6 min / 60 min = 0,35 KWh,
 für 100 km benötigen wir              ca.1,0  KWh.

<u>Auch im bergigen Gelände benötigen wir nur ca. 0,3 Liter pro 100 km !</u>

Das Navigationssystem sorgt im bergigen Gelände dafür, dass der Schwungradspeicher vor der Bergabfahrt leer ist. Dazu muss das Schwungrad das 1 Liter-Auto zuvor antreiben, um den Speicher zu entleeren, gleichgültig ob die Strecke davor eben war oder ob es bergauf ging. Das Navigationssystem bestimmt die Phasen von Puls und Pause und die Höhe der Energiespeicherung des Schwungrads vorausschauend, je nach Gelände, um mit geringstem Kraftstoff-Verbrauch aus zu kommen. Der Fahrer kann dies auch selbst tun. In fremdem Gelände ist er schnell überfordert.

Man sagt, das Gewicht eines Hybridfahrzeugs ist nicht so entscheidend. Das gilt nur teilweise. Ist das Hybridfahrzeug im Beispiel a) doppelt so schwer, so reduziert sich der bremsbare Höhenunterschied auf 300 m. Energiespeicher und Gewicht müssen aneinander angepasst sein. Ein höheres Gewicht erfordert selbstverständlich auch einen größeren Energiespeicher.

Die Beispiele a) und b) zeigen wie das 1 Liter-Auto selbst das Gelände zum optimalen Kraftstoff sparen nutzt. Die heute bekannten Hybridfahrzeuge sind dazu nicht in der Lage. Sie sparen nur einen Teil des möglichen Kraftstoffs ein. Insbesondere weil der Verbrennungsmotor im Schubbetrieb auch beim Bremsen mitdreht. Bei schneller Autobahnfahrt sparen sie keinen Kraftstoff, weil bei schneller Fahrt kein Puls-Pausen-Betrieb möglich ist. Der technische Aufwand der bekannten Hybridfahrzeuge ist hoch, ohne die mögliche Kraftstoffeinsparung voll auszuschöpfen.

## 14    Erderwärmung durch $CO_2$-Emission

Der Treibhauseffekt ist ein Segen für die Erde. Die Klimagase Wasserdampf, Methan $CH_4$, $CO_2$ u.a. erhöhen die durchschnittliche Temperatur der Erde von minus 18 auf plus 15 Grad Celsius. Dieser Treibhauseffekt ist eine Schutzhülle, der das Leben auf der Erde erst möglich macht. Das Problem ist, dass der Mensch durch die ungezügelte Verbrennung der fossilen Brennstoffe, Öl, Gas, Kohle, Holz, zusätzlich gewaltige Mengen an $CO_2$ produziert. Die intensive Tierhaltung der übervölkerten Erde erzeugt riesige Mengen Methan $CH_4$. Beides hat einen schwerwiegenden Eingriff in diese Schutzhülle der Erde verursacht, welcher langfristig gewaltige Auswirkungen haben wird. Laut UN-Bericht rechnen die Forscher bis 2100 weltweit mit einem Temperaturanstieg um 1,1 – 6,4 Grad Celsius, im Mittelmeer mit 6 °. Als Folge steigt der Meeresspiegel um bis zu 59 cm, andere meinen 2 m. Riesige Gebiete werden überschwemmt. Die Wüsten weiten sich aus, viele Dürregebiete entstehen. Für die Menschheit hat das langfristige, katastrophale Folgen.

Um den weiteren Anstieg von $CO_2$ zu mildern, setzt die EU in den Jahren 2008 – 2012 die Gesamtmenge für Deutschland auf je 453 Millionen Tonnen $CO_2$ als anzustrebendes Ziel herab. Dabei tragen die PKW-Autos mit 11,9 % zum Treibhausgas $CO_2$ bei, das scheint zunächst wenig. Die Kraftwerke und die Industrie stoßen zusammen den Löwenanteil von 68 % aus. Ihr $CO_2$-Ausstoß sollte nicht länger in die Atmosphäre geblasen werden. Vielleicht ist die Lagerung dieses $CO_2$s, abgeschieden und verflüssigt, in Erdspeichern vorübergehend möglich. Die Bundeskanzlerin Frau Dr. Merkel hat als Ratspräsidentin der EU eine Reduzierung des $CO_2$-Ausstoßes um 30 % bis 2020, bis 2050 um 50 % als langfristiges Ziel gefordert, soll die Erderwärmung ca. + 2° C nicht übersteigen. Das ist auch nötig, um die bevorstehende Katastrophe nicht noch zu vergrößern. Selbstverständlich wollen die aufstrebenden, bevölkerungsreichen Länder China und Indien dieselbe industrielle Entwicklung erreichen wie der Westen. Ihr Energiebedarf wird dabei gewaltig anwachsen. Der pro Kopf $CO_2$-Ausstoß beträgt heute:

| | | |
|---|---|---|
| USA | 19,7 | Tonnen /Kopf, Jahr |
| Deutschland | 10,4 | Tonnen /Kopf, Jahr |
| China | 2,9 | Tonnen /Kopf, Jahr |
| Indien | 1,0 | Tonnen /Kopf, Jahr    FOCUS 9 /2007 |

Der zunehmende Energiehunger dieser Länder ist so groß, dass er schwerlich durch Einsparungen im Westen kompensiert werden kann. Es ist daher nicht verwunderlich, dass China der USA im Weltklimarat 2007 vorwarf mit 5 % der Menschen 25 % der Energie der Erde zu vergeuden. Ja China geht so weit, die Menge der $CO_2$-Emissionen müssten seit der industriellen Revolution berücksichtigt werden und nicht erst seit 1990. Damit sollen die verursachenden, westlichen Länder stärker in die Verantwortung genommen werden. Indien und Brasilien unterstützen diese Haltung. Man sieht daraus, der Kampf um Energie, Ernährung und Verschmutzung ist bereits im Gange.

Daran gemessen sind die Bemühungen der EU, ihren $CO_2$-Ausstoß insgesamt bis 2012 um 20 % zu reduzieren, bescheiden. Der $CO_2$-Ausstoß von PKW-Neuwagen soll bis 2012 von 162 auf 120 g /km reduziert werden. Mehr ist so kurzfristig nicht möglich, will man der Industrie und den Menschen nicht schaden. Das kann nur ein erster Schritt sein, dem weitere folgen müssen, weil die weltweite Reduzierung des $CO_2$s viel zu spät kommt. Die prognostizierte Erderwärmung ist bereits unausweichlich.

Sollten die internationalen Bemühungen, die Temperaturerhöhung auf + 2° C zu begrenzen, die Klimakatastrophe abzumildern, scheitern, so müssten Aerosole in der oberen Luftschicht helfen die Sonne zu verdunkeln. Diese Aerosole müssten z.B. mit Raketen injiziert werden und mindestens für 100 Jahre in der Atmosphäre bleiben. Solange, bis sich der durch Menschen verursachte Treibhauseffekt wieder normalisiert hat. Das blau des Himmels künstlich verdunkeln zu müssen, ist unvorstellbar, geradezu apokalyptisch. Das hat Nikita Chruschtschow, ein Ministerpräsident der UDSSR, einst der westlichen Welt als Vergeltung angedroht.

Ein Grenzwert der EU < 130 g $CO_2$ /km ergibt < 5,6 l Benzin / 100 km. Der Kraftstoffverbrauch der überdimensionierten Autos ist im Stadtverkehr besonders hoch. 350 g $CO_2$ /km sind bei 15 Liter /100 km Verbrauch normal. Das 1 Liter-Auto *Joydance* erzeugt im Stadtverkehr mit ca. 0,3 Liter /100 km nur ca. 7 g /km, bei 100 km /h ca. 23 g /km. Dieses Buch zeigt, dass bei extremer Reduzierung von Fahrzeuggröße, Leergewicht und Leistung weiterhin Fahrspaß und sportliches Fahren möglich ist. Die Mobilität der Menschen wird keineswegs eingeschränkt. Mit diesem 1 Liter-Auto *Joydance* wäre das Auto nicht länger für die weitere Erderwärmung verantwortlich. Es erzeugt in der Stadt um den Faktor 15 weniger $CO_2$ als der *LEXUS Prius II* mit seiner Hybridtechnologie.

Ein Radfahrer mit 80 Watt Antriebsleistung bei 25 km /h erzeugt ca. + 5,2 g $CO_2$ /km, Biomechanik M. Gressmann. Aber durch den Einsatz von Transportmittel, Kunstdünger, essen von Fleisch u.a. steigt dieser Wert insgesamt auf + 30 g $CO_2$ /km an. Der Faktor zur Herstellung üblicher Ernährung beträgt 5,75, für Benzin nur 1,25 für die gesamte $CO_2$-Emission, Infobull April 2007. Hinzu kommt, dass der im Auto oder Fahrrad sitzende Mensch mit 70 kg, ohne Belastung, zusätzlich für seinen Kreislauf weitere 2,9 g $CO_2$ /min bei üblicher Ernährung erzeugt, Jürgen Eick. Die $CO_2$-Emission des *Joydance* mit Fahrer insgesamt beträgt bei 50 km / h  8,8 + 3,5 = 12,3 g $CO_2$ /km, beim Radfahrer mit 25 km /h immerhin 30 + 7 = 37 g $CO_2$ /km. Ein Radfahrer erzeugt bei jeder Geschwindigkeit deutlich mehr $CO_2$ als der so effektiv transportierte Autofahrer. Dabei wird deutlich, dass langfristig die augenblickliche Ernährung der Menschen und ihrer Nutztiere, wegen dem Faktor 5,75, problematisch wird, sollen 9 Milliarden Menschen im Jahre 2050 ernährt werden.

Es ist nicht gleichgültig, welcher Kraftstoff in einem Fahrzeug verwendet und wie er erzeugt wird. Der Prozentsatz des $CO_2$-Gehalts der Abgase ist von der $C_xH_y$-Verbindung, genau genommen der Anzahl x der C-Atome, abhängig. Diesel und Benzin ( 6 -8 C ) erzeugen den höchsten $CO_2$-Ausstoß, Erdgas $CH_4$ ( 1 C ) den niedrigsten. Wird der Kraftstoff nicht aus Rohöl, Erdgas oder Kohle, sondern aus Pflanzen erzeugt, so können die Pflanzen das vom Verbrennungsmotor ausgeschiedene $CO_2$ theoretisch wieder in Sauerstoff $O_2$ umwandeln. Ein Kreislauf kann entstehen, welcher eine weitere Erderwärmung vermeidet. Das gilt natürlich nur, wenn die Sonne allein das Wachstum der Pflanzen herbeiführt. Und nur, wenn die verwendeten Pflanzen bei der Kraftstoff-Erzeugung vollständig verwertet und ökologisch verträglich genutzt werden. Aus Biomasse hergestellter Kraftstoff soll den $CO_2$-Ausstoß um ca. 90 % reduzieren. Wird nur aus den Früchten, Zuckerrüben, Weizen, Zuckerrohr u.a. der Kraftstoff erzeugt, so wird der $CO_2$-Ausstoß nur um ca. 50 % reduziert. Das ist aber nur die halbe Wahrheit! Die Erzeugung von 1 l Ethanol als Kraftstoff benötigt bis zu 4 000 Liter Wasser. Die Brandrodung von Regenwald erzeugt 400 mal mehr $CO_2$ als auf dieser Fläche in Palmöl jährlich gebunden wird, Badisches Tagblatt vom 17. 2, 2008. Der Sachverständigenrat für Umweltfragen in Deutschland warnt generell, „Die stärkere Nutzung der Biomasse zur Erzeugung von Kraftstoff schädige die Natur, weil mehr Düngemittel und Pestizide eingesetzt werden müssten. Die Biomasse könnte zur gekoppelten Strom- und Wärme-

Erzeugung 3 mal wirkungsvoller und kostengünstiger eingesetzt werden", Badisches Tagblatt vom 13. 07. 2007. Vor allem muss der Kraftstoffverbrauch der Autos drastisch gesenkt werden.

In Schweden und Brasilien fahren bereits 3 Millionen Autos mit Ethanol Alkohol ( 2 C ), welcher in großen Mengen aus Abfällen und Zuckerrohr hergestellt wird. Diesem E85-Ethanol wird 15 % Benzin beigemischt. In den USA wird, wie in Deutschland ab 2009, dem Benzin 10 % Ethanol beigemischt. Ist das die Lösung oder gebiert eine Dummheit die nächste? Bio-Kraftstoffe werden jene aus fossilen Bodenschätzen nur dann ersetzen können, wenn der Kraftstoff-Verbrauch der Autos drastisch gesenkt wird und die Erzeugung ökologisch möglich wird. In Mexiko führt das schon jetzt zu einer Verteuerung der Lebensmittel. Ernähren wir lieber unsere Autos als unsere Kinder ?

### 15.    Mit Launch-Control beschleunigen wie die Formel 1

Das 1 Liter-Auto *Joydance* ist zum extremen Kraftstoff sparen konzipiert. Das ist jedoch kein Grund, die gespeicherte Energie im Schwungrad nicht auch zum kraftvollen Beschleunigen zu nutzen. Das Schwungrad kann zum Beschleunigen 45 KW Leistung ( 60 PS ) zur Verfügung stellen. Ein Spurt von 0 auf 100 km /h dauert nur ca. 5 sec und kann beliebig oft ohne Verschleiß durchgeführt werden. Die beiden variablen Getriebe verändern ihre Übersetzungen beim Gas geben Computer gesteuert so, dass eine kontinuierliche Beschleunigung bei jeder Geschwindigkeit entsteht, Launch-Control wie bei der Formel 1 eben.

**Dabei wird dem Schwungrad eine**

$$\text{Energie von } 45 \text{ KW} \cdot 5 \text{ sec} = 225 \text{ KWsec entnommen.} \quad (34)$$

Natürlich hätten diese 225 KWsec ökonomischer genutzt werden können. Aber manchmal muss man einem Kontrahenten seine Grenzen aufzeigen. Die 1 000 KWsec gespeicherte Energie des Schwungrads entsprechen ca. 0,1 Liter Benzin. Dieser Spurt zur Wahrung der Ehre des 1 Liter-Autos *Joydance* kostet ca. 0,02 Liter, ein Schnapsglas voll Kraftstoff – aber was soll's.

Mit dem Leistungsgewicht von 3 kg /PS ist *Joydance* im Sport-Mode teuren Sportwagen ebenbürtig. Die Spitzengeschwindigkeit wird bei 120 km /h begrenzt. Der Ferrari 599 GTB Fiorano F1 beschleunigt mit seinem 12 Zylindermotor mit 620 PS in 3,5 sec von 0 auf 100 km /h. Er vermittelt ein echtes Formel 1 Feeling auf der Straße, www.ferrariworld.com. Allerdings ist auch die Kupplung nach mehreren Launch-Control-Starts wie bei den Formel 1 Rennwagen verschlissen, wie Auto-Motor-Sport 21 /2006 berichtet. Die Straßenzulassung gewährleistet offensichtlich keine uneingeschränkte Alltags-Tauglichkeit. *Joydance* erlaubt beliebig oft an der roten Ampel einen Kavalierstart, ohne dass später eine Reparatur nötig wird. Für jeden Autofahrer mit einem teuren Auto, der sich beim Beschleunigen geschlagen geben muss, ist das eine empfindliche Schlappe. Ein schlagender Beweis dafür, dass dieses 1 Liter-Auto keine Spaßbremse ist und jederzeit mit sportlichen Autos mithalten kann.

16.     Der Computer und seine Aufgaben

Der Computer hat alle Aufgaben im 1 Liter-Auto zu erledigen. Dazu wird am besten ein bereits bekanntes, preisgünstiges Navigationssystem mit Touch-Screen-TFT-Display verwendet, welches kostengünstig in großen Stückzahlen hergestellt wird. Zur Anpassung des Computers an das 1 Liter-Auto erhält es eine zusätzliche Hardware zur Steuerung des 1 Liter-Autos. Die Bedienung des 1 Liter-Autos erfolgt mit den Touch-Screen-Tasten des Displays. Dabei kann sich die Funktion der Taten so ändern, dass nur die augenblicklich notwendigen Tasten zur Verfügung stehen.

Wir nähern uns dem 1 Liter-Auto und betätigen

       die Fernbedienung zum Öffnen der Windschutzscheibe.

Wir steigen ins 1 Liter-Auto ein und finden das Menue STARTEN bereits vor. Finden die folgenden Tasten auf dem Touch-Screen-Display zur Auswahl:

       **Licht ?**
       **Economy-, Hand-, Sport-Betrieb ?**
       **Wohin geht's ? Zur Arbeit, Ziel 2, Ziel für das Navigationssystem ?**
       **Computer prüft: Reicht der Kraftstoff hin und zurück ?**
       **Das Bild der schwenkbaren Rückfahrkamera erscheint.**
       **Starten ?**

Mit folgendem Menü FAHREN auf dem Touch-Screen-Display fahren wir los.
       **Blinker, rechts ,links ? Hupe ?**
       **Rückfahrkamera schaltet sich ein.**

Anzeige Geschwindigkeit, Energiespeicher, Kraftstoff-Verbrauch.
Der Kraftstoff-Verbrauch wird zur Werbung am Heck angezeigt.

**Das Bild der schwenkbaren Rückfahrkamera kann dauernd im Display angezeigt werden.**

**Die obigen Anzeigen werden jetzt als Zahl eingeblendet.
Wird gebremst, so wird das Bild der Rückfahrkamera eingeblendet. Wird das 1 Liter-Auto gestoppt, abgestellt, erscheint ebenfalls das Bild der Rückfahrkamera auf dem Display. Der Computer erwartet das Signal zum Verschließen der Windschutzscheibe mit der Fernbedienung oder ein erneutes Anfahren.
Danach wartet der Computer im Sleep-Mode mit geringem Stromverbrauch auf den Befehl zum erneuten Öffnen der Windschutzscheibe.**

Die Display-Menü werden so definiert, daß sie nicht umständlich vom Fahrer, wie beim BMW i-Drive, aufgerufen werden müssen,. Sondern sie generieren sich aus der Fahrersituation selbst. Mit der Programm-Taste kann aber jedes Menü aufgerufen werden, Bild 80. Die zusätzliche Anzeige des momentanen Kraftstoff-Verbrauchs am Heck lässt andere Verkehrsteilnehmer an der Faszination des Ladens ( + ) und Entladens ( - ) des Schwungrads in Liter /100 km teilhaben. Sie zeigt den geringen Kraftstoff-Verbrauch an und macht die Intelligenz dieses Wechselspiels des 1 Liter-Autos *Joydance* erst richtig deutlich. Die Größe der gespeicherten Energie wird mit einem Blick erfasst, Bild 80. Das ist wichtig, denn vor jeder kraftvollen Beschleunigung muss der Fahrer sicher sein, genug Energie zur Verfügung zu haben. Alle Tasten, Anzeigen sind auf dem Touch-Screen-Display des Computers angeordnet. Die Tasten 1 bis 7 zeigen ihre augenblickliche Funktion selbst an. Ihre Funktion ändert sich mit der Fahrersituation. Tasten am Armaturenbrett gibt es keine, was wiederum Kosten spart. So ist eine preisgünstige Steuerung des 1 Liter-Autos möglich.

Im Hintergrund steuert der Computer die Funktionen des 1 Liter-Auto mit höherer Priorität als die Anzeige auf dem Display.

*Er startet, stoppt den Verbrennungsmotor,
sorgt für die richtige Einspritzmenge,
den richtigen Zündzeitpunkt, misst die Drehzahlen von Motor, Schwungrad, Antriebsrad, schaltet die Kupplungen für Start-Stopp- und Puls-Pausen-Betrieb.*

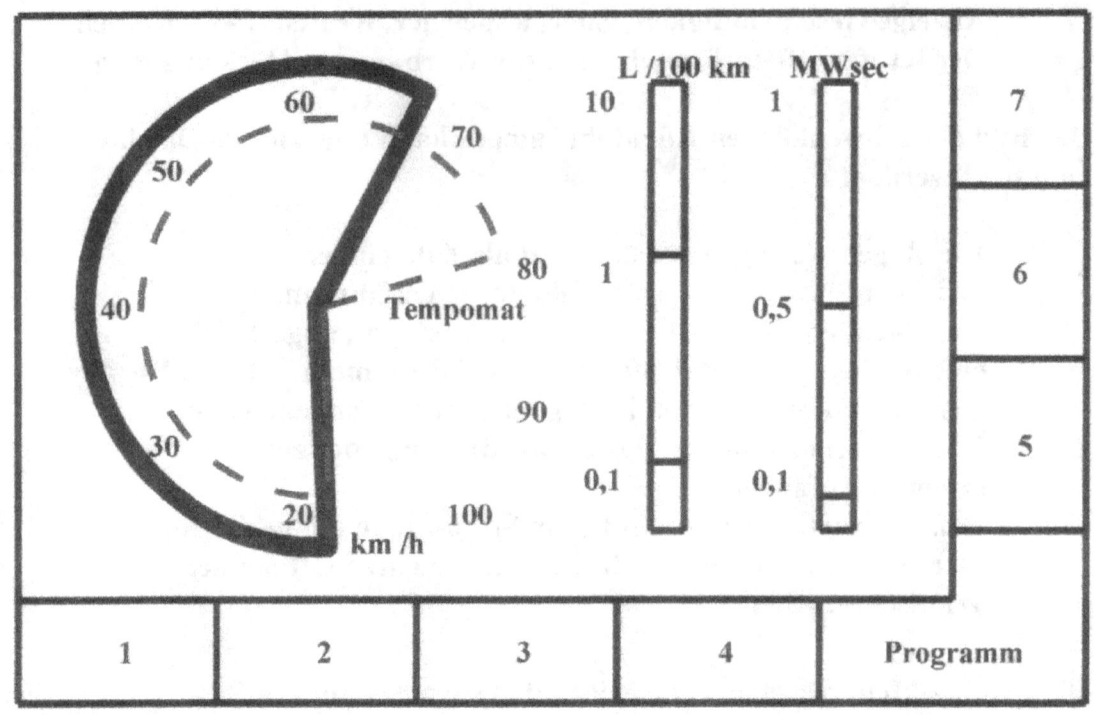

**Bild 80** Display mit 7 Funktions-, und einer Programm-Taste, der Geschwindigkeits-, Verbrauchs- und Schwungradenergie-Anzeige.

> Regelt die Geschwindigkeit mit dem Tempomat,
> beschleunigt, bremst nach den Vorgaben des Gaspedals,
> indem er dauernd mit den beiden Synchronmotoren die
> Übersetzung der variablen Planetengetriebe G1, G2 steuert.
> Stellt die optimale Neigung in der Kurve mit den Werten von
> Geschwindigkeit v und Lenkwinkel w her,
>
> Verbessert die Stabilität des 1 Liter-Autos, indem er das obere
> Lager des Schwungrads kurzzeitig in der Kurve festhält,
> wenn eine kritische Kurvenbeschleunigung entsteht.

Das Navigationssystem kennt die optimalen Zeitpunkte für den sparsamsten Puls-Pausen-Betrieb. So wird der Kraftstoffverbrauch selbst an bergiges Gelände angepasst. *Joydance* ist ein High-Tech-Produkt, wie es kein zweites gibt. Es optimiert den Kraftstoffverbrauch auf ein Minimum und erlaubt daneben im Sport-Betrieb atemberaubende Fahrleistungen.

17.     Stabilisierung mit dem Schwungrad

Die Stabilisierung eines Fahrzeugs durch ein Schwungrad ist nichts Neues. Bereits um 1900 wurde eine Straßenbahn, welche auf einer einzigen Schiene fuhr, von einem Schwungrad senkrecht gehalten. Neigezüge in Japan werden von Schwungrädern auf dem Dach stabilisiert. Warum also sollte man das Schwungrad nicht auch zur Stabilierung eines Autos einsetzen ?

Das Schwungrad im 1 Liter-Auto hat in erster Linie die Aufgabe, als Hybridantrieb überflüssige Energie des Verbrennungsmotors zu speichern und später an den Antrieb wieder abzugeben. Dabei rast das Schwungrad mit 2 facher Schallgeschwindigkeit in einem leicht evakuierten Gehäuse. Die Achse des Schwungrads steht dabei immer senkrecht. Dabei wird das 1 Liter-Auto beim Fahren vom Schwungrad nicht beeinflusst, weil das Schwungrad nur unten gelagert ist. Das obere Lager des Schwungrads kann sich unabhängig vom Fahrzeug frei bewegen. So sind eine Neigung des Fahrzeugs in die Kurven und steile Bergfahrten möglich, ohne dass das Schwungrad beeinflusst wird. Um das Aufschaukeln einer Präzession zu vermeiden, wird sie mit einem leichten Bremsen unterdrückt. Das obere Lager des Schwungrads wird in einer Schwinge geführt, welche die Neigung und die Bergfahrt des 1 Liter-Autos ungehindert zulässt, siehe auch Kap. 8.1.

Der Computer errechnet dauernd die auftretende Querbeschleunigung jeder Kurve, um die erforderliche automatische Neigung bis 25 Grad, des 1 Liter-Autos einzustellen. Fährt das 1 Liter-Auto zu schnell durch eine Kurve, so dass eine kritische Kurvenbeschleunigung überschritten wird, so wird das obere Lager des Schwungrads mit der Bremse kurzzeitig vom Computer festgehalten und der Fahrer am Display durch Blinken gewarnt. Das Schwungrad, welches sich selbst stabilisiert, stabilisiert jetzt das gesamte Fahrzeug für einige Sekunden. Lange genug um das Fahrzeug während einer zu schnellen Kurve zu stabilisieren. Bei richtiger Auslegung arbeitet dieser Vorgang, wie der sanfte Bremseingriff einer Elektronischen Stabilitätskontrolle ESP, nahezu unmerklich für den Fahrer. So werden Querbeschleunigungen von 3 . g vom *Joydance* bewältigt. Das 1 Liter-Auto driftet ohne zu kippen. Dauert die schnelle Kurve dem Schwungrad zu lange, so wird das Fahrzeug automatisch abgebremst.

Im Falle eines Crashs könnte die im Schwungrad gespeicherte Energie gefährlich werden. Diese große Energie könnte sich im Bruchteil einer Sekunde ungezügelt entladen. Um das zu vermeiden, wird mit dem Zünden der Airbags auch das Schwungrad mit seinem Berstring vorsorglich zu Staub verpulvert. Die Energie des Schwungrads wird kontrolliert vernichtet. Die

Zerstörung des Schwungrads bei einem Crash ist eine vorsorgliche Sicherheits-Maßnahme. Dabei ist zu erwägen, ob man das Schwungrad bei einem Crash nicht völlig vom Fahrzeug abtrennt und auf sichere Distanz hält. Dieses 1 Liter-Auto schützt die Insassen wirkungsvoll vor jedem Crash. Reparieren kann man das 1 Liter-Auto nach dem Crash kaum. Wie bei anderen Gütern des täglichen Lebens lohnt sich das nicht. Die Anschaffung eines neuen 1 Liter-Autos *Joydance* ist preisgünstiger.

18. Technische Daten des 1 Liter-Autos *Joydance* mit Hybridantrieb, bestehend aus Verbrennungsmotor und Schwungradantrieb

| | |
|---|---|
| Sicherheit | Schalensitz, Sitzgurt, Überrollbügel, Sicherheitskäfig, Crashzonen, Airbags. |
| Bremsen | 3 Scheibenbremsen, 2 Bremskreise |
| Neigung | automatische Neigung bis 25 Grad |
| Hybridantrieb Motor Schwungrad | 10 KW, automatisches Getriebe, Spitze 120 km/h, 1 000 KWsec für Start-Stopp-, Puls-Pausen-Betrieb. |
| Passagiere | 1* oder 2 im Auto, evtl. 1 auf dem Sozius möglich. |
| Stirnfläche | 0,8 m² |
| Cw-Wert | ca. 0,16 |
| Abmessungen | L x B x H = 280* oder 330 x 90 x 110 cm |
| Kofferraum | ca. 120 Liter |
| Leergewicht | ca. 120 kg |
| Zuladung | ca. 200 kg |
| Beschleunigung | 0 auf 100 km/h in ca.15 sec mit Verbrennungsmotor, mit Schwungrad in ca. 5 sec, in der Kurve bis 3 . g. |
| Kraftstoff-Verbrauch | in der Stadt ca. 0,3 Liter pro 100 km, bei 100 km/h auf der Autobahn ca. 1 Liter pro 100 km |

| | | |
|---|---|---|
| $CO_2$-Emission *Joydance* | Stadt 7 g /km Benzin betankt, bei 100 km /h 23 g /km. *PRIUS II* 104 g /km ADACmotorwelt 3 /2007, EU-Forderung < 120 g /km, Benzinerzeugung mal 1,25 | |
| $CO_2$-Emission Radfahrer | *Leitra* Radfahrer 80 W 25 km /h mal 5,75 für Ernährungsprodukte die Muskelarbeit hat nur 21 – 25 % Wirkungsgrad. Mensch in Ruhe ohne Belastung mal 5,75 für Ernährungsprodukte | + 5,2 g $CO_2$ /km, + 30 g $CO_2$ /km, 0,5 g $CO_2$ /min, 2,9 g $CO_2$ /min. |

Bild 81 Joydance, sicher, sparsam, sportlich, spurtstark, Spitze 120 km /h.

Das 1 Liter-Auto *Joydance* ist durch seinen geringen Kraftstoff-Verbrauch, seiner Agilität in Kurven, seine explosive Beschleunigung eine Klasse für sich. Es übt nicht nur auf Kosten bewusste Autofahrer eine Faszination aus, Bild 81. Welcher Fahrer zeigt einem Sportfahrer, bei sparsamsten Kraftstoffverbrauch, nicht mal gerne den Auspuff. Die Emotionen, welche PS-starke Klasseautos hervorrufen, werden relativiert und entzaubert. *Joydance* führt auf der Straße die Gleichberechtigung von arm und reich herbei. Leider kann man das 1 Liter-Auto *Joydance* nicht aus bestehenden Komponenten herstellen. Die meisten Komponenten müssen erst entwickelt und erprobt werden.

Dieses 1 Liter-Auto kann zu riesigen Stückzahlen führen, eine Cashcow in der Automobilindustrie werden. Aber selbstverständlich müssen die noch zu entwickelnden Komponenten kreativ und kostengünstig gelöst werden. Mit den vorhandenen Lösungen kommt man nicht weiter, neue müssen her.

Der Autor,

Siegfried Schwarz, geb. 1935, studierte in Eßlingen Elektrotechnik. Während seinem Berufsleben war er in der Entwicklung tätig. Radioröhren, Transistoren, Integrierte Schaltungen, Mikrocomputer, ihre Anwendung und Software für die verschiedensten Geräte waren sein Metier. Mit 36 J war er als Entwicklungsleiter der Regelgeräte für Öl- und Gas-Feuerungen im Landis & Gyr Konzern verantwortlich. Diese Großserien zu rationalisieren, technisch auf den neuesten Stand zu bringen, war ihm auf den Leib geschnitten.

1978 wurde er selbstständig, entwickelte Kleinstrechner für die Automatisierung. 1983 als ETHERNET gerade laufen lernte, konnte er SIEMENS identisch vernetzte 8051-Rechner vorführen. Er arbeitete fortan in der Deutschen Normung zur Vernetzung mit. 1987 zeigte er wie einfach Geräte nur mit einer interpretierbaren Hochsprache, wie BASIC, über Distanz vernetzt werden können. Bis heute konnte man sich zu einer so einfachen und leistungsfähigen Übertragung in der Automatisierung nicht durchringen.

Neben einer Reihe von Patenten und Veröffentlichungen verlor er das Auto nie aus dem Blickfeld. Gerne fährt er ein schnelles, starkes Auto. Aber immer mehr wurde ihm klar, Fahrspaß ist keineswegs eine Frage der Leistung oder der Geschwindigkeit. Er zeigt wie Fahrspaß umweltfreundlich möglich ist. So kann der bedrohlich zunehmende Treibhauseffekt der Erde durch das Auto, ohne große Kosten, vermieden werden. Überrascht hat ihn allerdings, dass die $CO_2$-Emission eines Radfahrers insgesamt größer ist wie die eines optimalen 1 Liter-Autos.

Wenn in Asien die Industrialisierung weiter wächst, genauso viele Autos pro Kopf der Einwohner wie im Westen fahren, ist die Katastrophe unausweichlich. Schon jetzt erwärmt der $CH_4$-, $CO_2$-Anteil der Luft unsere Erde unverantwortlich hoch. Die westlichen Industriestaaten haben die bevorstehende Umweltkatastrophe verursacht. Wenn sie und die dominierende Autoindustrie in Europa keine $CO_2$-ärmeren Autos entwickeln, diesen neuen Markt erschließen, verlieren sie ihr Prestige, ja ihre Vormachtstellung. Der Satz von Albert Schweitzer: „Der große Bruder kümmere sich um die Bedürfnisse des jüngeren", hat in einer sozialen Weltordnung eine entscheidende Bedeutung.

www.ingramcontent.com/pod-product-compliance
Lightning Source LLC
Chambersburg PA
CBHW082339220526
45470CB00008B/2565